[口袋版]

崔玉涛
图解家庭育儿

· 母乳与配方粉喂养

● 崔玉涛 / 著

获得更多资讯，请关注：

科学家庭育儿微信公众账号

人民东方出版传媒

东方出版社

崔大夫寄语

从 2001 年起在《父母必读》杂志开办"崔玉涛医生诊室"专栏至今，在逐渐得到社会各界认可的同时，我也由一名单纯的儿科临床医生，逐渐成长为具有临床医生与社会工作者双重身份和责任的儿童工作者。我坚信，作为儿童工作者，就应有义务向全社会介绍自己的知识、工作经验和体会。

从 2006 年开办个人网站，到新浪博客之旅，又转战到微博，至今已连续 1400 多天没有中断每日微博的发布，累计发布微博达 6100 多条，粉丝达到 550 万。在微博内容得到众多网友的青睐之时，我深切感受到大家对更多育儿知识的渴求。微博虽然传播速度快，但内容碎片化，不能完整表达系统的育儿理念。于是，2015 年 2 月 5 日成立了"北京崔玉涛儿童健康管理中心有限公司"，很快推出了微信公众号"崔玉涛的育学园"和育儿 APP"育学园"，近期又在北京创立了第一家"崔玉涛育学园儿科诊所"。其目的就是全方位、立体关注儿童健康，传播科学育儿理念，为中国儿童健康服务。

为了能够把微博上碎片化的知识整理成较为系统的育儿理论，在东方出版社的鼎力帮助和支持下，经过一定的知识补充，以漫画和图解的形式呈现给了广大读者。这种活跃、简明、清晰的形式不仅是自己微博的纸质出版物，而且能将零散的微博融合升华成更加直观、全面、实用的育儿手册。本套图书共 10 本，一经面世就得到众多朋友的鼓励和肯定，进入到育儿畅销书行列。为此，我由衷感到高兴。这种幸福感必将鼓励我继续前行，为中国儿童健康事业而努力。

　　此次发行的版本，就是为了满足更多朋友的需要，希望将更多的育儿知识传播给需要的人们。我们一道共同了解更多育儿理念，才能营造出轻松、科学养育的氛围。我的医学育儿科普之旅刚刚启程，衷心希望更多医生、儿童健康工作者、有经验的父母加入进来，为孩子的健康撑起一片蓝天，铺就一条光明之路。

2016 年 9 月 18 日于北京

目录
contents

选择适合宝宝的早期喂养方式

2 无母乳状况下的配方粉选择

1 选择适合宝宝的
早期喂养方式

婴儿最佳营养来源——人乳

人乳〔Human Milk〕

具有生物学特异性，与其他所有营养替代品有着明显的不同，在婴儿喂养方面有着独特的优势。

母乳喂养的优点——八大益处

健康

免疫

心理

经济

营养

发育

社会

环境

如何选择孩子出生后的第一口奶

有些家长会非常惊讶地认为："刚生完孩子，哪来的母乳？怎么可能做到孩子出生后第一口奶为母乳？"的确，绝大多数妈妈生完宝宝不可能马上有母乳，但孩子刚降生也不需要马上喂养。对刚出生的婴儿来说，哭闹并不一定是饥饿的征兆，因为胎儿肺内充满液体，为了促使肺内液体回吸收，很多刚出生的婴儿会经常哭闹。

只要生后婴儿体重下降没超过出生时体重的 7%，就可坚持母乳喂养。如果生后婴儿体重下降超过 7%，母乳仍然不足（这种情况很少出现），医学研究表明有可能会出现脱水、急性营养不良等现象，这时完全可以补充一些婴儿配方粉，但应该在婴儿每次吸吮妈妈乳房每侧 10 ~ 15 分钟后添加。为了避免今后过敏的出现，应添加部分水解配方的婴儿配方粉。这样，今后过敏的风险就会大大降低。

母乳喂养出现过敏的机会少，如果怀疑宝宝过敏，应该从母亲饮食考虑起。妈妈可以适当限制自己的食物种类，观察婴儿过敏，比如：湿疹、严重肠绞痛、腹泻等症状。如果孩子出生后第一口进食的是配方粉，出现母乳喂养下的牛奶蛋白过敏的机会比较高。

有少许接受母乳喂养的婴儿也会出现湿疹、大便带血等过敏表现。难道母乳喂养也会导致过敏？实际上这种情况应称为"母乳喂养情况下的牛奶过敏症"。因生后第一口奶食用的是牛奶，因此体内出现过敏反应。虽然后续接受的全是母乳，但婴儿对母乳中一些蛋白质也出现了交叉过敏反应。

所以，生后第一口奶非常重要！

喂养前用消毒纸巾擦洗乳房

先挤压乳房弃去一些乳汁再喂养

温水擦洗乳房

常规洗澡

母乳喂养前是否要彻底清洁乳房

如何喂养婴儿才最为"干净"？这是妈妈们经常头疼的问题。事实上，婴儿刚出生后，吸吮妈妈乳房时，首先接触到的是妈妈乳头上的需要氧气才能存活的需氧菌，继之是乳管内的不需要氧气也能存活的厌氧菌，然后才能吸吮到乳汁。生理母乳喂养过程是先喂细菌再喂乳汁的有菌喂养过程。母乳喂养的有菌过程与现在家庭的干净形成了鲜明对比。

为了保持母乳喂养的生理有菌喂养过程，妈妈在母乳喂养前用温水毛巾擦洗乳房或常规洗澡即可。切不可使用含有消毒剂的湿纸巾擦洗乳房，更不可先挤压乳房，弃去一些乳汁再喂养婴儿。生理母乳喂养过程能够促进孩子肠道正常菌群建立，不仅利于母乳的消化吸收，而且能够促进免疫系统成熟，预防过敏发生。

吸吮乳房时，妈妈乳头和乳头周围皮肤上正常存在的需氧菌和乳管内正常存在的厌氧菌会随着吸吮与乳汁一同吸入宝宝口腔，进入消化道。这就是人类消化道正常菌群的最初基础。喂奶前彻底清洗乳房或用消毒纸巾擦洗乳房以及挤出几滴母乳再喂养都是错误的。

要记住，母乳喂养是有菌喂养！

与生理有菌的母乳喂养过程相比，配方粉喂养则差之千里。母乳喂养好，不仅表现于直接喂养、不需加热、便宜方便、增强母婴感情等方面，而且还在于母乳喂养过程是有菌喂养过程，对婴儿肠道菌群建立非常重要，同时通过肠

很多准妈妈想孩子出生后进行母乳喂养，但又担心早期母乳不足影响孩子成长，所以，在此给准妈妈们提出以下建议：

1.分娩之前多了解母乳喂养知识；

2.尽可能自然分娩；

3.婴儿出生后尽快让其吸妈妈乳房，越早越好；

4.尽早使用吸奶泵在孩子不吸吮时期刺激乳房，促进乳汁分泌；

5.生后每日监测体重；6.出生后体重下降没有超过出生体重的7%时，继续坚持母乳喂养；7.体重下降超过7%，添加部分水解蛋白配方；

8.家中不使用任何含消毒剂的清洗液。

道菌群促使免疫系统建立和成熟。

　　肠道是人体最大的免疫器官！

　　母乳喂养是有菌喂养过程。妈妈乳头及乳头周围皮肤上需氧菌及乳管内的厌氧菌，加上吸吮母乳吞咽的空气，可以保证新生儿肠道内建立以双歧杆菌为主的肠道菌群，这对新生儿近期乃至一生都裨益无限。

母乳喂养时，妈妈乳头及乳头周围皮肤上的需氧菌及乳管内的厌氧菌会随着乳汁一同进入宝宝口腔和消化道，这是消化道正常菌群的基础。可以保证新生儿建立以双歧杆菌为主的肠道菌群，并促使免疫系统的建立和成熟。

妈妈：

↗ 母婴产后稳定即可开始母乳喂养

↗ 听取专业人员耐心指导

↗ 开始母乳喂养的同时逐渐全面
了解母乳喂养相关知识

↗ 第一口奶的选择

婴儿：

↗ 及早吸吮妈妈乳房
刺激乳房尽快产生乳汁
促进婴儿肠道正常菌群的建立

↗ 坚持母乳喂养（婴儿出生后体重
下降没有超过出生体重的7%）

↗ 配方奶喂养前，应吸吮妈妈乳房
每侧10～15分钟

尽量在产后 30 分钟内开始母乳喂养

婴儿出生后，只要母婴情况稳定，就应尽快开始母乳喂养，母乳喂养的启动尽可能避免晚于产后 30 分钟。让婴儿尽快吸吮妈妈乳房，先吸吮到妈妈乳头和乳头周围皮肤上的需氧菌，后续吮吸到乳管内的厌氧菌，继之吮吸到初乳，这些对婴儿肠道菌群的建立和营养的提供，都是无法进行人工模拟的。"母乳喂养过程"是奠定婴儿肠道健康、预防过敏等营养相关性疾病的基础。

母乳喂养是非常值得推荐的喂养方式，它与家庭生活和工作密切相关。母乳喂养前，妈妈不仅要做好充分的思想准备，还要学习相关的知识；母乳喂养中，妈妈应计划母乳喂养的时间和方式。对几个月后必须重返工作的职业妈妈而言，如何在上班前，使孩子接受奶瓶喂养非常关键，这样才利于宝宝的健康成长。

母乳喂养非常好，不仅对婴儿生长发育，而且对妈妈产后恢复非常有利。但由于现代妈妈有着各自的工作和生活，所以是否能在坚持母乳喂养的前提下，结合一下自己的实际情况，制定出适合自己的最佳母乳喂养方案是非常重要的。千万不要出现不能直接纯母乳喂养后，婴儿因对奶瓶喂养产生抗拒而出现生长发育缓慢的现象。

由于母乳喂养的职业妈妈上班后白天不在家，孩子白天会接受奶瓶喂养抽吸出的母乳或婴儿配方粉，晚间再接受直接母乳喂养。如果夜间妈妈与孩子一起睡，常会出现夜间母乳喂养次数增加的情况，如有些夜间喂养达 5 ~ 7 次，

人乳的主要营养成分— 蛋白质

人乳中 蛋白质含量

- 初乳　　14~16 g/L
- 3~4个月的成熟乳　8~10 g/L
- 6个月后的成熟乳　7~8 g/L

人乳中约20%~25%的总氮量为非蛋白氮——活性蛋白质

- 促进营养素吸收
- 增加营养素的转运和吸收活性
- 抗菌活性
- 刺激肠道建立微生态环境
- 促进婴儿的免疫能力

20%~25%
活性蛋白质

促进肠道发育和加强肠道功能

母乳的主要营养成分——碳水化合物		
	初乳	成熟乳
乳糖（g/L）	20~30	67
葡萄糖（g/L）	0.2~1.0	0.2~0.3
低聚糖（g/L）	22~24	12~14

人乳中所含低聚糖的含量比其他哺乳动物奶中高10~100倍

导致孩子夜间睡眠不好。

建议孩子单独睡小床，养成正常睡眠习惯，以免影响生长。

千万不要低估母乳喂养和母乳喂养过程对宝宝婴儿期乃至一生健康的作用！

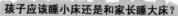

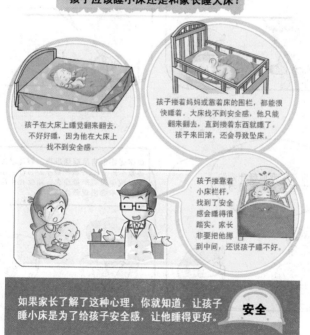

急急急，了解到第一口母乳对孩子的重要性，可是到现在妻子还没有乳汁，小孩已经生下来10个小时了，不愿喝水，没有乳汁，未准备牛奶，怎么办呢？一直等母乳吗？

坚持让孩子吸妈妈乳房，2~4小时一次。孩子吸完后，用吸奶器再吸，最好使用电动吸奶器。孩子生后头24小时吸不到很多乳汁不会出问题。坚持让孩子吮吸并用吸奶器吸乳房对启动母乳喂养非常重要。每天测婴儿体重，只要体重下降不超过出生体重的7%，即可坚持纯母乳喂养。

如果孩子低血糖什么的，要立刻补充配方奶吗？

如果妈妈没有孕期糖尿病、婴儿出生体重不高于4公斤或不低于2.5公斤、出生过程中没有严重窒息，新生儿生后三天内不会出现低血糖。

婴儿体重下降不超过 7% 就要坚持母乳喂养

大家都在关注母乳喂养，这是社会进步的表现。对于准妈妈一定要早些了解母乳喂养知识，以减少或避免婴儿出生早期配方粉的使用。现在太多婴儿出生后最早吃的是配方粉。但研究表明，婴儿出生后体重下降没有超过出生时体重的 7% 即可坚持纯母乳喂养。过早食用配方粉，今后过敏发生的概率会明显增高。

只要给婴儿喂过配方粉，今后即使完全用母乳喂养，也不属于"纯"母乳喂养，只能称为"全母乳喂养"。妈妈分娩后不可能即刻就有乳汁，所以需要婴儿不断吸吮，以刺激乳房尽快产生乳汁。只要婴儿出生后体重下降不超过出生体重的 7%，就要坚持让孩子多吸吮妈妈乳头。孩子出生后早期，特别是第一口若吃配方粉，有可能留下过敏隐患，甚至可能导致孩子对母乳的过敏。

若婴儿出生后体重下降超过出生时体重的 7%，则应添加配方粉，这是很多研究的结果。美国儿科学会已将这个数据写进母乳喂养指南之中。体重下降超过 7%，就会出现脱水和急性营养不良，会损伤婴儿健康。千万不要认为这个数字是个人观点，应尊重科学研究结果。

添加配方粉可以使用贴在乳头上的喂养管、滴管、奶瓶等。特殊喂养瓶有两个非常细且柔软的细管，母乳喂养时贴于妈妈乳房上，当吸吮妈妈乳房时，可同时将瓶内的配方粉吸入口腔，这样既可避免乳头错觉，也可补充母乳不足。

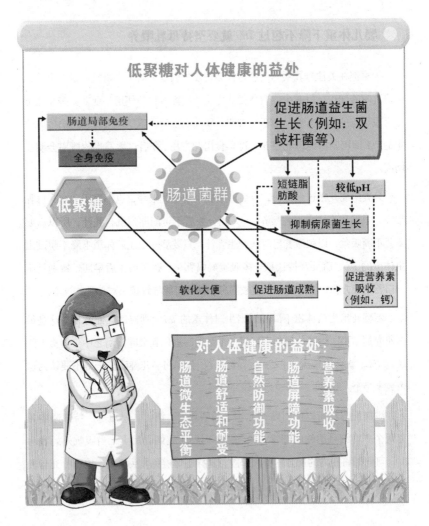

低聚糖对人体健康的益处

促进肠道益生菌生长（例如：双歧杆菌等）

肠道局部免疫

全身免疫

低聚糖

肠道菌群

短链脂肪酸

较低pH

抑制病原菌生长

软化大便

促进肠道成熟

促进营养素吸收（例如：钙）

对人体健康的益处：

营养素吸收

肠道屏障功能

自然防御功能

肠道舒适和耐受

肠道微生态平衡

为何母乳能够保证婴儿的营养

今年我在意大利参加欧洲儿科胃肠、肝病和营养学会年会时，第一个专题会即是"母乳研究展望"。母乳的质量与母亲饮食、遗传因素和心理状况有关。作为母亲，虽然改变不了自己的遗传背景，但是否可以做到均衡营养、心情愉悦呢？以及为了孩子选择更多种类的饮食，放松心情去养育宝宝呢？

虽然对母乳研究已有数十年，但至今仍有很多不解之谜。如母乳中蛋白质含量虽然远远低于牛乳，却能保证婴儿健康成长。这给予我们的启示是"蛋白质总量并不重要，只有优质蛋白质才能保证婴幼儿健康成长"。除鼓励母乳喂养外，对生长出问题的婴幼儿一定要接受医生排查，寻找原因，因为这不是仅仅通过增加蛋白质的摄入量即可解决的问题。

母乳喂养婴儿体内获取的能量至少 50% 来自母乳中的脂肪，脂肪属于高能量营养素。1 克脂肪在体内氧化可产生 9 大卡热，而 1 克蛋白质或碳水化合物氧化都只能产生 4 大卡热。不仅如此，母乳中丰富的脂肪种类，还可促进婴儿大脑和视网膜的发育成熟，调控免疫系统发育，更有预防成年期心血管疾病的作用。除此之外，母乳中富含人乳独特的"低聚糖"，人乳中所含的不被人体吸收，只作用于肠道的低聚糖种类就高达 150 多种。虽然目前的研究对其功能了解尚不完全，但已经可以确定，它能选择性地促进肠道内正常菌群生长，从而促进肠道及全身免疫系统成熟及软化大便等。我们不禁感慨，母乳到底含有多少种营养素，这对婴儿会带来多少益处呢！

"母乳喂养能减少婴儿肠道受致病菌袭扰的机会"是什么意思？

胃肠是开放器官，致病菌有可能通过吞咽进入。母乳喂养可营造以双歧杆菌占绝对优势的肠道菌群环境，可竞争肠道附着点，减少致病菌侵袭的机会。再有，母乳中的α-乳清蛋白、乳铁蛋白等，可与致病菌结合避免其侵犯肠道。

孩子混合喂养有必要吃牛初乳吗？

没必要。牛初乳中所含的免疫球蛋白与人初乳中的不同。2012年9月起，卫生部禁止婴儿产品内添加牛初乳。

崔医生，我也差点给孩子用了牛初乳。谢谢您提醒！

母乳营养素的活性作用配方粉无法比拟

现在世界儿科营养领域流行这样一个说法 "Nutrition beyond Nutrition"。其含义是，营养素除了传统认识的营养作用外，还有生物学作用，包括正向和负向两方面。比如：①母乳中的 α–乳清蛋白具有抑菌和杀菌作用，配方粉喂养婴儿，其肠道受细菌侵扰的机会比母乳喂养儿高。②鸡蛋等蛋白质摄入过早可引起过敏等。

有人说 "配方粉的营养不足母乳的十分之一"，这种说法应该从两方面看：仅从营养素的含量和价值看，这种说法似乎有些过激；但从营养素超越营养（Nutrition beyond nutrition）上看，确有一定道理。因为母乳喂养对婴儿肠道菌群建立、免疫系统成熟有着非常显著的正向作用；母乳中营养素的活性作用，是配方粉无法比拟的。

母乳中除了有传统意义上的营养素外，还有很多活性物质，如抗体、酶等，而配方粉中没有活性物质。但母乳毕竟也是自然界中天然的物质，不可能是完美无缺的，如母乳中维生素 D 和铁含量就欠缺，所以接受母乳喂养的婴儿应补充维生素 D，另外在添加辅食时，选择富含铁的辅食，例如婴儿营养米粉。

如果母乳充足，绝对没必要每天添加一次配方粉。配方粉都是模拟母乳的产物，其中营养素种类和比例肯定不如母乳好。只是有些营养素含量比母乳高，但这并不能认为是配方粉的优点，比如配方中蛋白质含量高就会导致婴幼儿肥胖。如果有可能，还是要坚持纯母乳喂养！

母乳喂养对婴儿健康的深远影响

中耳炎

上下呼吸道感染

泌尿道感染

减少疾病发生危险性:

感染性胃肠炎

早产儿的坏死性小肠结肠炎

过敏

肥胖

出生后3个月内婴儿喂养与感染的关系

前瞻性研究，根据社会阶层、母亲年龄和父母吸烟状况进行了必要的校正。
（Howie 等，1990年）

	全母乳喂养（n=95）	部分母乳喂养（n=126）	全配方粉喂养（n=257）	p
胃肠道的感染	2.9%	5.1%	15.7%	<0.001
呼吸道的感染	25.6%	24.2%	37.0%	<0.05

母乳喂养的婴儿健康状况

健康状况	危险降低率%	母乳喂养	注释	OR	95%置信区间
特异性皮炎	27	>3个月	纯母乳喂养且阴性家族史	0.84	0.59~1.19
特异性皮炎	42	>3个月	纯母乳喂养且阳性家族史	0.58	0.41~0.92
胃肠炎	64	任意时间	——	0.36	0.32~0.40
炎性肠病	31	任意时间	——	0.69	0.51~0.94
肥胖	24	任意时间	——	0.76	0.67~0.86
麦胶蛋白过敏症	52	>2个月	母乳喂养期间进食麦胶蛋白	0.48	0.40~0.89
1型糖尿病	30	>3个月	纯母乳喂养	0.71	0.54~0.93
2型糖尿病	40	任意时间	——	0.61	0.44~0.85
急性淋巴细胞性白血病	20	>6个月	——	0.80	0.71~0.91
急性单核细胞性白血病	15	>6个月	——	0.85	0.73~0.98
婴儿猝死综合征	36	>1个月	——	0.64	0.57~0.81

早期的生长和营养可以调控成人期的健康

心血管健康

免疫功能状况——感染会导致过敏
自身免疫性疾病，
例如：1型糖尿病，
炎性肠病，麦麸所致的
肠病。

骨骼健康

肥胖

神经系统和大脑功能

对于母乳，我们当然建议自己的妈妈给自己的孩子喂，但有的时候因为妈妈的乳汁不够，而周围又有其他刚生完宝宝的朋友或是亲戚有充足的乳汁，只要这些妈妈身体健康，是可以让孩子吃她们富余的乳汁的。

自己的奶不够，宝宝可以吃别家妈妈的奶吗？

现在生孩子之前在医院都会有健康检查，我们可以通过检查结果来判断这个妈妈身体是否健康，如果产前检查都没有问题，比如各项指标无异常，乙肝系列检查也正常，而且她自己的孩子长得也很健康，这样的妈妈的乳汁是可以给孩子使用的。因为这样的乳汁需要使用奶瓶喂给孩子，所以家长就要提前教会孩子如何使用奶瓶。

那么如何判断这个妈妈是否健康呢？

2 无母乳状况下的
配方粉选择

如何给孩子选择配方粉？

婴儿配方粉
可作为喂养的唯一来源，满足出生后头4～6个月婴儿的营养需要。

较大婴儿奶粉
专为4个月以上的婴幼儿，在膳食多样化过程中，使用的主要液体要素成分。

根据蛋白质结构配方粉分为：

完整蛋白的普通配方，适于母乳不足的正常婴幼儿。

部分水解配方，适于有过敏风险婴幼儿预防过敏。

深度水解配方适于治疗牛奶蛋白过敏引起的常见病症。

氨基酸配方适于诊断和治疗牛奶蛋白过敏的婴幼儿。

根据脂肪分为：

长链脂肪配方，即普通配方粉，适用于正常婴幼儿。

中/长链配方，适用于肠道功能不良，如：慢性腹泻、肠道发育异常、肠道大手术后、早产儿等情况。

根据碳水化合物分为：

全含乳糖的普通配方，适用于正常婴儿。

部分乳糖配方，适用于胃肠功能不良时，比如早产儿，胃肠受损者。

无乳糖配方，适用于急性腹泻，特别是轮状病毒性胃肠炎，以及先天性乳糖不耐受者。

如何给孩子选择配方粉

若母乳喂养中母乳真的不足，表现出频繁喂养且体重增长缓慢时，可以给婴儿添加配方粉。必须注意的是，每次添配方粉前一定要保证婴儿直接吸吮母亲的乳房每侧至少 10 ~ 15 分钟。这样可以给予母亲乳房有效刺激，不仅有利于母乳产生，还有利于婴儿对母乳喂养的接受。孩子不会因为奶瓶喂养后出现对母乳喂养的抵制。

根据蛋白质结构，配方粉分为完整蛋白的普通配方，适于母乳不足的正常婴幼儿；部分水解配方，适于有过敏风险婴幼儿预防过敏；深度水解配方适于治疗牛奶蛋白过敏引起的常见病症；氨基酸配方适于诊断和治疗牛奶蛋白过敏的婴幼儿。

根据脂肪，分为长链脂肪配方，即普通配方粉，适用于正常婴幼儿；中／长链配方，适用于肠道功能不良，比如：慢性腹泻、肠道发育异常、肠道大手术后、早产儿等情况。

根据碳水化合物，分为全含乳糖的普通配方，适用于正常婴儿；部分乳糖配方，适用于胃肠功能不良时，比如早产儿，胃肠受损者；无乳糖配方，适用于急性腹泻，特别是轮状病毒性胃肠炎，以及先天性乳糖不耐受者。

不同种类的配方并不意味着不同品牌的配方。国内外很多婴儿营养品厂家，都有各种不同种类的配方。家长给孩子选择时应该有所了解，特别是从国外代购奶粉时，更应有所了解。

崔医生，常规整蛋白的普通配方和水解蛋白，部分水解、深度水解，还有氨基酸配方，哪种好啊？

对于健康婴幼儿可以选择整蛋白，也就是普通配方粉；对于有家族过敏史的尚无过敏反应的婴幼儿应该接受部分水解配方；对于已对牛奶蛋白过敏者，应该接受深度水解或氨基酸配方。

配方粉

是不是任何腹泻都可以吃腹泻奶粉？

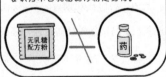

所谓腹泻奶粉指的是不含乳糖的特殊配方粉，是针对腹泻或抗生素使用后小肠黏膜受损引发的乳糖不耐受问题，可改善肠道受损时的营养状况。所以，只要肠道受损都可使用不含乳糖配方粉，不受腹泻的原因限制。但千万不要认为不含乳糖配方粉是药物。

无乳糖配方粉 ≠ 药

了解特殊医学用途婴儿配方粉

特殊医学用途配方粉涉及早产儿、腹泻、过敏、特殊氨基酸代谢疾病的婴幼儿，特殊医学用途婴儿配方粉作为医学治疗的一部分，称为医学营养治疗。

据了解，我国每年新出生婴儿约 1500 万，其中部分婴儿由于受各种疾病影响，不能喂养母乳或普通婴儿配方食品。特殊医学用途婴儿配方食品是这些婴儿生命早期或相当长时间内赖以生存的主要食物来源。卫生部网站 2012 年也公布了《特殊医学用途婴儿配方食品通则》，对特殊配方做出了明确规定。

特殊医学用途婴儿配方食品是指针对患有特殊紊乱、疾病或医疗状况等特殊医学状况婴儿的营养需求而设计制成的粉状或液态配方食品。在医生或临床营养师的指导下，单独食用或与其他食物配合食用时，其能量和营养成分能完全满足 0 ~ 6 月龄特殊医学状况婴儿的生长发育需求。

特殊医学用途婴儿配方食品中所使用的原料应符合相应的食品安全国家标准和（或）相关规定，禁止使用危害婴儿营养与健康的物质。所使用的原料和食品添加剂不应含有谷蛋白、氢化油脂、使用经辐照处理过的原料。但味道与母乳或普通婴儿配方粉稍有不同。

特殊医学用途婴儿配方食品的能量、营养成分及含量以婴儿生长的必需成分为基础，并考虑到患有特殊紊乱、疾病或医疗状况婴儿的特殊营养需求，满足上述婴儿营养需要。包括无乳糖；乳蛋白部分水解、乳蛋白深度水解、氨基酸；早产儿 / 低出生体重配方；母乳营养补充剂；氨基酸代谢障碍配方。

崔医生，宝宝现在1岁1个月大，从半岁开始给他喝部分水解的低敏奶粉，宝宝并没有牛奶蛋白过敏，这样做对不对吗？

部分水解 + 益生菌的配方，可有预防过敏的功效。德国GINI研究表明，部分水解配方的预防过敏功效超过50%。部分水解配方本身也是一种均衡配方粉，母乳不足或断奶后，可以放心选择。

部分水解 + 益生菌

宝宝断奶后吃奶粉出现腹泻，是对奶粉的不适应吗？

如果断母乳后换成配方粉出现腹泻，就能说明婴儿对配方粉不耐受，应该考虑为对牛乳蛋白不耐受，建议换成部分水解配方。

部分水解

26

早产儿/低出生体重儿配方是专为生长快速但不能得到母乳的早产儿/低出生体重儿设计，其所含热量高，达80kcal/100ml（普通配方为67 kcal/100ml）；蛋白质含量高且易被利用；所含其他营养素也符合快速生长早产儿的需求，可用到体重达4～5公斤。但仍不如母乳＋母乳营养补充剂好！

无乳糖配方是专为乳糖消化不良/不耐受所配特殊婴儿配方粉。乳品中所含碳水化合物为乳糖。婴幼儿腹泻致肠道黏膜受损的同时，会破坏其表面消化乳糖的乳糖酶，造成暂时乳糖消化障碍，加重腹泻。无乳糖配方粉，不是不含碳水化合物，而是用麦芽糖糊精等代替，其营养效果与普通配方相同。

腹泻可引起肠黏膜受损，并伴随肠黏膜表面乳糖酶损失。乳糖酶损失程度与腹泻的严重程度及其原因有关。在治疗腹泻的同时，只用无乳糖配方粉，利于腹泻期间营养素的吸收。腹泻好转后，肠道黏膜修复需要一定时间，所以建议无乳糖配方使用2周或更长。无乳糖配方绝对能满足婴儿的需求。

母乳营养补充剂的适应范围为出生体重≤1500克和（或）≤孕32周的早产儿，当耐受100（ml/kg·天）抽吸出的母乳后，与母乳混合喂哺早产儿。母乳营养补充剂中营养不均衡，不能单独喂养早产儿。只推荐在新生儿监护室内使用。家长的任务是定时抽吸母乳，妥善保存，并定时送到医院。

现在母乳营养补充剂对中国的医生和家长来说还是比较新的婴幼儿产品，要想正确使用母乳营养补充剂，科学抽吸母乳并妥善保存非常重要。建议使用电动吸奶器，将母乳储存于专用储奶袋内，进行冷藏（<24小时）或冷冻（3～6个月）保存。使用前用温水温热即可与母乳营养补充剂混合使用。

配方粉喂养引起便秘的常见原因包括:

1. 奶粉过稠。

2. 仍然添加钙和维生素D。婴儿配方粉中含有足够的钙和维生素D。过多的钙质在肠道内会与脂肪结合形成钙皂,引起便秘。

3. 对牛奶蛋白不耐受等。

对于人工喂养出现的严重反复湿疹，对外用药物虽敏感但效果不能持久的婴儿，都应考虑为牛奶蛋白过敏。如果将普通配方换成深度水解配方／氨基酸配方必定有明显效果。对于牛奶蛋白过敏的婴儿，辅食添加时也要特别注意——先添加米粉、青菜，逐渐添加肉泥。鸡蛋黄则应该至少在 8 个月后再添加。

使用益生菌和纤维素改善便秘是安全有效的方法。但是，还应该查找引起便秘的原因。配方粉喂养引起便秘的常见原因包括：①奶粉过稠。②仍然添加钙和维生素 D。婴儿配方粉中已含有足够的钙和维生素 D。过多的钙质在肠道内会与脂肪结合形成钙皂，引起便秘。③对牛奶蛋白不耐受等。

对于孕 31 周，出生体重为 1.5 公斤的早产儿，出生后才 3 个月，也就是校正孕周仅 43 周，虽然体重增至 6.75 公斤，但胃肠发育仍然不成熟。建议对于胃肠发育不成熟的婴儿，如果母乳真的不足，应该添加乳蛋白部分水解配方，同时添加活性益生菌，以利于营养素消化吸收。

对于母乳喂养婴儿，增加奶粉应该出于特别原因，绝对不是常规推荐，所以没有母乳换奶粉的说法。配方粉应作为补充母乳不足使用，既然作为补充不足，那就意味着孩子需要多少就应补充多少，不需转换过程。

崔大夫，宝宝刚满三个月，要母乳换成奶粉，需要怎么转换对宝宝好一些？

不要过于严格掌握换奶粉的时间。奶粉分阶段是人为规定的，只要不足六个月婴儿不用第二阶段奶粉；不足一岁不用第三阶段奶粉即可。反过来，假如两岁幼儿用第一阶段奶粉也不会有任何问题。不要被商家的规定拴住手脚。喂养不是如此精细的事情，重要的是孩子能否接受、生长是否正常。

谈到关于需不需要换奶粉的问题，您说如果适合孩子就不需要更换！但每种配方粉都有差异，而且涉及安全问题，长期只食用一种品牌会不会引起营养不均衡，如果孩子可以接受不同品牌的奶粉是不是也可以更换？

只要是婴儿配方奶粉都是根据一定标准改良的牛乳或羊乳。婴儿配方奶粉的标准是在不断接近母乳的过程中逐渐得到改进的。虽然每种配方粉的成分不尽相同，但万变不离配方粉的标准。家长不要被各营养品公司宣传所困扰，而不断更换配方粉的品牌。

氨基酸代谢障碍配方是针对先天性氨基酸代谢障碍疾病而言的。使用这些特殊配方前必须得到确切的诊断，比如：苯丙酮尿症、甲基丙二酸血症、高血氨症、异戊酸血症、一型戊二酸血症、半乳糖血症等。理论上所有婴儿均应进行先天性代谢病的筛查，争取做到早发现早治疗。

今天我们谈论的特殊医学用途婴儿配方粉看似比较专业和特殊，但是我们医务人员和诸位朋友如果都能了解一些这样的知识，就可以避免、治疗一些疾病，甚至挽救一些婴儿，保证他们健康成长，这就是医学营养治疗（Medical Nutrition Therapy）。

用配方粉的情况:

母亲不愿进行母乳喂养

母亲存在母乳喂养的禁忌症

母乳不足

婴儿先天性代谢疾患

母乳喂养期间婴儿体重增长极为缓慢

配方粉的正确使用方法

• 什么情况需要添加配方粉？

配方粉是为了补充母乳量上的不足而产生的，不是为了弥补质的不足。如果母乳喂养期间，孩子 4 ~ 6 个月后能够顺利接受辅食，且生长发育正常，即使超过 1 岁，也不需额外添加配方粉。

• 如何判断配方粉是否适合自己的宝宝？

只要宝宝不拒绝，食用后没有不适症状，生长发育也很正常，就说明这种奶粉是适合宝宝的。

不是说矿泉水冲奶粉会给婴儿的肾造成负担吗？可自来水总感觉被污染，而且有味儿！究竟应该用什么水冲调奶粉呢？

如果担心矿泉水中矿物质含量较高，可能造成婴儿肾脏负担增加，同时又担心自来水可能被污染的问题，我建议使用纯净水或蒸馏水冲调奶粉。

纯净水

崔医生，我用纯净水冲完奶粉后会用火再将奶煮开一下，然后喂宝宝吃，这样可以吗？

用水冲调奶粉后再将奶煮开一下，这是极其错误的方法。这样会导致奶粉中很多营养物质损失。一定要按照奶粉罐说明的水温按比例冲调。

• 如何调制婴儿配方粉？

虽然我们都知道母乳是婴儿的最佳食品，但当母乳不足或不能进行母乳喂养时，只能添加婴儿配方粉。

1. 用温开水或纯净水调制，因为奶粉冲调过程不需添加额外矿物质，所以不需矿泉水。

2. 根据奶粉罐的说明，一般先加水后再加粉，多数是30毫升水加一平勺粉，最后按加水后的奶量记录孩子的摄入量。当然，也有不同配法，使用前应详细阅读奶罐上的说明。

3. 现喂孩子现配奶粉。

4. 多数配方粉罐上的建议是，冲调奶粉的水温不应超过60℃，最好为40℃。

5. 如果没有特别情况，奶粉中不额外加糖、药或其他添加剂等。

用配方粉喂养宝宝容易犯的错误就是配制相对过稠。很多家长都会自觉不自觉地多加些粉。增稠的奶粉容易导致婴儿肥胖，也增加宝宝身体代谢负担，比如出现便秘等。

月嫂说冲奶粉用矿泉水，刚问她，她还这样坚持，而且记录奶量是按水量计算，她解释为她们培训都是这样带孩子的。

月嫂的水平如何评估？如何规范月嫂行业？我不能给予意见。我只能以自己的努力，并呼吁更多专业人员参与到医学科普宣传中。家长们也要多掌握育儿知识，共同为下一代健康而努力。

• **如何计算配方粉摄入量？**

看似简单的问题，有时会有理解的偏差。配制配方粉过程是先在奶瓶中加入适量水，再加入一定比例的配方粉，最后的总量是准备喂养量。比如 30 毫升水加一平匙奶粉，溶解后约 35 毫升。35 毫升即是准备喂养量。孩子最后接受为实际摄入量。

• **一天应该喂多少配方粉？**

配方粉喂养量还是应该以婴儿接受量为准。每天喂养次数基本在 6 ~ 7 次。由于每个孩子对奶粉的消化吸收不同，因此每个孩子的摄入量也不尽相同。观察奶粉是否够量的标准应该以婴幼儿生长为基准，不要过多依赖进食总量。另外，保证一定的运动量非常重要，比如，尽可能让孩子清醒时多趴着。

• **给宝宝喂配方粉一定要 4 小时一次吗？**

不是绝对的。通常配方粉的包装上会标明喂奶的间隔时间，但这只是一个平均推荐值。每个宝宝的消化速度都不一样，早吃或晚吃一次不会有大影响，不用把时间卡得那么死。要学着找到适合宝宝的进食规律。

前段时间新闻报道饮水机和净水器使用的滤芯生产不合格，长期使用对人的身体危害极大，所以现在只敢用自来水冲调奶粉了！很郁闷！

如果大家担心使用水质量问题，可以在给孩子冲调奶粉前，将水烧开。既可消毒，又可将多余的物质析出。

一直想问，冲奶粉的水必须是温开水吗？如果用桶装水加热到合适的温度可以吗？

其实很多地区的自来水烧开后，矿物质含量很少，可冲调奶粉。对于冲调奶粉的温度只有高限，一般冲调奶粉温度不超过60℃～60℃。如孩子出生后一直接受室温水冲调奶粉，不会出现问题；但是接受温水冲调奶粉的婴儿，突然接受室温水冲调的奶粉，就会出现胃肠不适。这是习惯问题。

真有细菌的话，60℃的水能杀死？晕！

奶粉赋水的过程只是由固态变成液态的过程，不是杀菌的过程。因为温度过高的水冲奶会使奶粉中一些营养素损失。因此，奶粉的保存注意干净、干燥。一罐打开的奶粉不应超过一个月。

• 宝宝混合喂养，如何掌握宝宝喝配方粉的量？

混合喂养时配方粉的量的确不好掌握，但是妈妈每次可稍微多冲调一些配方粉，如果宝宝这次没有喝完，妈妈观察一下剩下的量，就知道宝宝这次喝了多少，下次冲调时就按照这个标准掌握量就可以了。反之，如果宝宝把配方粉都喝完了还有点意犹未尽，就说明这次冲调的量有点少，下次需要多冲一点。而且宝宝在不断成长，食用配方粉的量也在不断变化，这需要妈妈细心摸索。

• 宝宝既喝配方粉又吃母乳，不会消化不良吧？

如果宝宝身体健康，没有任何疾病，就不会出现消化不良的问题，如果宝宝出现消化不良，妈妈就要考虑是不是宝宝的胃肠道存在健康问题或者宝宝对牛奶蛋白不耐受或过敏。

• 奶伴侣能和配方粉放在一块冲调吗？

不能。因为这样会影响配方粉中营养素的配比，使配方奶的营养变得不均衡，建议爸爸妈妈最好不要将奶伴侣和配方粉放在一起冲调。实际上，没有医学意义上的"奶伴侣"。

母乳和配方粉混合喂养是不是两边的优势都占了?

混合喂养可并不一定能够得到双倍的优势。

葡萄糖属单糖（母乳中是乳糖），在肠道内不需任何酶的参与即可吸收，会影响血糖水平。如果胰腺不能迅速产生一定的胰岛素，就会导致高血糖状态。所以，没有低血糖的状况，不能直接服用葡萄糖。千万不要因为"预防上火"等虚幻原因，给孩子吃葡萄糖，这会增加胰腺负担，增加高血糖的风险。

在配方粉里添加葡萄糖是不是预防上火?

- **配方粉罐被打开后为什么只能保存几周？**

    一般打开的配方粉，应该在 4 周内用完，这是因为配方粉里含有很多活性物质。潮湿、污染、细菌等因素都会影响配方粉的质量。如果宝宝在 4 周内不能将一大罐奶粉用完，下次可以购买小罐的或者小包装的配方粉。

- **配方粉喂养的婴儿要多添加水吗？**

    如果是合适比例的调兑配方粉不应有额外加水的问题。婴儿配方粉调兑的方法是经过科学研究后确定的配比方式。最简单和最准确的判断孩子是否缺水的方法是观察婴儿排尿的颜色。在排除维生素等药物干扰的前提下，只要尿液为无色透明或微黄，就没有必要额外添加水。

听说六个月后母乳就没营养了，可是我奶还很多，除了辅食还要给他加奶粉吗？

随着母乳喂养过程延长，母乳中蛋白质的含量会有降低趋势，但是脂肪、碳水化合物等并没有变化，所以不能说明母乳没有营养。4~6个月后应开始添加辅食。如果辅食选择合适，而且数量得当，再加上母乳，完全可以满足婴幼儿的生长发育。

崔医生，母乳吃到两岁比较好吗？是因为有营养还是别的？

借用世界儿科学会关于母乳喂养的建议来回答您的问题："母乳喂养最短半年，最好一年，现在没有研究表明母乳喂养喂到2~3岁会对儿童造成伤害。"

断奶的季节并不重要，关键是为何断奶和如何断奶、断奶后换成何种食物及如何喂养，谁来喂养？一切心理和物质准备得当后再考虑断奶。

夏天断奶对孩子真的不好吗？

• 配方粉喂养婴儿还需要添加营养素吗？

不是说配方粉营养充分，而是营养品公司已考虑到不同年龄阶段婴儿生长发育所需，尽可能添加了婴儿生长发育所需的营养素，而且比母乳中含量还高（营养素含量超过母乳并不是优点，现各个营养品公司也在逐渐改进）。如果选择配方粉喂养婴儿，正常喂养下，再添加一些营养素，对婴幼儿生长发育未必有利！

• 为什么配方粉中营养素要高于母乳？

因为牛奶中营养素结构与母乳不完全相同，这样婴幼儿对其利用率会比母乳低。为尽可能达到母乳喂养效果，而采取了适当增加营养素的方式。现研究表明配方粉喂养婴幼儿还是不如母乳喂养婴幼儿全面健康。比如：配方粉喂养的婴儿易过敏；生长相对过快；易生病等。所以还是母乳喂养好！

宝宝不接受配方粉的两种可能:

一 宝宝形式上不接受配方粉

给宝宝喂配方粉要由其他家人完成

宝宝闻到妈妈身上的母乳
味道会更加抗拒配方粉

二 宝宝身体上不接受配方粉

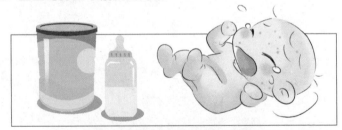

宝宝对配方粉不耐受或过敏

宝宝不接受配方粉怎么办

宝宝不接受配方粉一般有两种可能。

一种是形式上不接受，就是指母乳喂养的宝宝不接受配方粉，如果妈妈的母乳真的不够宝宝吃，必须添加配方粉，要注意：既然孩子不喜欢配方奶，那么就要在孩子饥饿的情况下先喂配方粉，再进行母乳喂养。另外，给宝宝喂配方粉的工作需要由其他的家人来执行，否则宝宝闻到妈妈身上的母乳味道，肯定会更加抗拒配方粉。如果碰到执拗的宝宝，用尽了办法也不接受配方粉，甚至已经影响到他的生长发育，而妈妈的奶水又非常少，这时就可以考虑中断直接母乳喂养，将母乳吸出来放在奶瓶里试试。不足的部分用配方粉补充。

宝宝不接受配方粉还有一种可能，就是身体上不接受，这可能因为宝宝对配方粉不耐受或过敏，如果经医生断定，宝宝真的对配方粉过敏，就可以考虑给宝宝食用经过特殊工艺加工而成的水解蛋白特殊配方粉，比如部分水解蛋白配方。

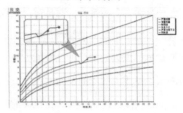

生长曲线图

很多朋友都认为孩子体重重、身长高就一定是好事。

生长曲线是最好的评判标准。不仅要关注实时测量值，而且更应关注生长趋势。

只要宝宝生长发育正常，多吃少吃一点都没关系。

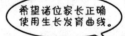

希望诸位家长正确使用生长发育曲线。

宝宝食量一定要和配方粉包装上推荐的食用量相同吗

不一定。

配方粉的包装上推荐的食用量只是参考的平均值，宝宝的食量有大有小，就是同一个宝宝，也会出现有时吃得多，有时吃得少的现象。宝宝的食量稍稍高于或低于推荐量，没有什么问题，通常10% ~ 20%内的差距不会带来大影响。

其实妈妈更应该关心的是宝宝吃多吃少会不会影响生长发育。

做这个判断不要以食量为基础，而是要观察宝宝的生长发育过程。只要宝宝生长发育过程在生长曲线的正常范围内一直平缓上升，那么即使他比别的宝宝吃得少也没关系。但是如果宝宝的生长曲线短时间出现大的波动，或一直超出正常范围，就要咨询医生，是否需要调整饮食。

安全是妈咪挑选奶粉时最看重的因素 并认为给宝宝更换多种奶粉可以降低风险

妈咪为宝宝更换配方奶粉的原因　　N=4107

原因	比例
不同品牌之间配方有差异，多吃几种对宝宝身体有好处	39.6%
宝宝大便不正常	29.9%
奶粉总出问题，不想总吃一个，担心风险太大	29.8%
别人推荐其他的牌子更好	23.9%
宝宝不喜欢吃	22.1%
出现了负面报道	19.8%
口味太甜、担心对宝宝牙齿不好	12.2%
其他	10.72%
价格太高了	5.0%
奶粉只是辅助作用，换便宜一点的就可以了	3.5%

王姐，你给孩子更换奶粉了吗？

随着宝宝月龄的增长，更换奶粉的数量增多

■ 0～6月　■ 7～12月　■ 1～3岁

	0～6月	7～12月	1～3岁
吃过一种品牌的配方奶粉	34.3%	28.8%	17.1%
吃过两种品牌的配方奶粉	40.7%	37.0%	31.7%
吃过三种品牌的配方奶粉	20.4%	23.7%	31.0%
吃过四种品牌的配方奶粉	2.9%	7.0%	11.6%
吃过五种品牌的配方奶粉	0.6%	2.2%	3.8%
吃过五种以上品牌配方奶粉	0.8%	1.1%	4.6%

也不知道频繁给孩子更换奶粉对不对。

大宝宝可以喝比他年龄段小的配方粉吗

可以，年龄越小，脏器功能相对不足，对营养素数量和质量要求越高。母乳成分会随着喂养时间而变化。

配方粉分成不同阶段也是尽可能模拟母乳而来的，针对不同阶段婴幼儿生长发育过程而言，年龄大的婴幼儿，脏器功能相对较强，完全可以接受为小年龄婴儿准备的配方粉。阶段越小的配方粉，所含的营养元素越全面，越均衡，也更容易消化，所以大宝宝可以吃小宝宝的配方粉。反过来，小宝宝却不能吃大宝宝的奶粉，因为年龄小的孩子对高一阶段的配方粉中的大元素颗粒接受能力比较差，容易出现腹泻或消化不良等症状，尤其是新生儿阶段的宝宝，配方粉的选择必须符合其年龄阶段，不可超前。

当然，如果没有特殊情况，还是应该选择适合儿童年龄阶段的配方粉。因为大宝宝使用小宝宝的奶粉容易出现营养物摄入过多，导致肥胖。

生后早期配方粉喂养是容易出现过敏的元凶

过敏 → 元凶

纯母乳喂养即使仅仅一个月
婴儿过敏的风险都会明显降低

过敏风险

过敏风险

生后早期配方粉喂养与过敏

现在研究表明，"纯"母乳喂养即使仅有一个月，婴儿今后出现过敏的风险都会明显降低。但是，"纯"母乳喂养可不包括生后进食过配方粉的情况。

给孩子母乳喂养到一岁，进行的是否是纯母乳喂养？生后接受过配方粉，就有可能致敏，然后发展成过敏。所以，生后早期配方粉喂养是今后容易出现过敏的元凶。因此建议：只有生后婴儿体重下降超过出生体重7%时，才应添加配方粉，而且应是部分水解配方。

部分水解配方绝对没有母乳更易于婴儿吸收利用及预防过敏，它是母乳"真"的不足时的相对安全的替代品。所以，还是应全力以赴进行纯母乳喂养，特别是第一口奶。母乳喂养过程还有助于婴儿肠道菌群的建立，而部分水解配方则不能。若接受部分水解配方也出现过敏，就应更换为深度水解或氨基酸配方。

"母乳喂养好"不是喊口号喊出来的，作为母亲，一定要多与有经验的医务人员或妈妈交流母乳喂养中的经验和问题以及解决的方法，如果有可能，与专家交流后，再根据自己的具体情况，制定自己的母乳喂养计划。能够坚持母乳喂养，不仅仅是妈妈的决心，同时还要能够保证婴幼儿的健康成长。因为婴幼儿健康成长才是我们共同的目标。

问 有些妈妈说宝宝一周岁以后奶粉换一个牌子吃，而且奶粉又要经常换着吃才好，请问这种观点是对的吗？

答 婴儿配方粉是在母乳不足时的无奈选择。每个厂家在宣传产品时，都会强调一些各自产品独特的特点，比如说含DHA高或是含核黄素多等，但都须在遵循婴儿配方粉全球标准（Global Standard for the Composition of Infant Formula）的基础上进行调整。普通婴儿配方粉的基本成分没大区别。只要婴儿接受度好，满6个月后合理添加辅食，没必要为换奶粉而纠结。

问 宝宝七个月，发烧引起乳糖不耐受，拉了一个月肚子。换无乳糖奶粉好转，三星期后转成普通奶粉，但两天后又开始拉。是该给孩子多喝一段时间腹泻奶粉再转奶吗？听说这种奶粉无法满足宝宝的成长需求，是吗？

答 首先说明无乳糖配方粉与普通配方粉具有相同的营养价值。只是其中的碳水化合物不是乳糖，而是麦芽糖糊精等而已。急性腹泻易造成小肠黏膜表面的乳糖酶缺乏，造成对母乳/普通配方粉耐受不良。喂养前加乳糖酶或换成无乳糖配方都会获得理想效果，但要坚持至少2周。适宜营养治疗比用药还重要。

3 母乳与配方粉喂养过程中常见的问题

什么是适宜的母乳喂养

- 每天8～12次母乳喂养
- 每次喂养完，至少一侧乳房已排空
- 哺乳时，孩子节律的吸吮伴有听得见的吞咽声音
- 生后头两天，婴儿至少排尿1～2次
- 如果存在粉红色尿酸盐结晶的尿，应在生后第三天消失
- 生后第三天开始，每24小时排尿应达到6～8次
- 每24小时至少排便3～4次
- 每次大便应多于1大汤匙
- 第三天后，每天可排软黄便达4（量多时）～10（量少时）次

如何养成良好的喂养习惯

有一名一岁男婴，近几个月体重增长缓慢，现仍为母乳喂养，但没有规律，每天多达 10 次或更多，对辅食兴趣也不大，辅食量很少。妈妈认为母乳喂养非常重要，但是，坚持母乳喂养，并不意味着可以没有喂养规律，也不意味着可少吃辅食。只有养成良好的喂养习惯，保证孩子正常生长，才能继续"坚持"母乳喂养。

母乳喂养期间，纤维素来源于母乳中的低聚糖，其含量可达 12 ~ 14 克/升。配方粉中纤维素来源是益生元（比如：低聚果糖、低聚半乳糖、菊粉等）。固体食物喂养时膳食纤维就更为容易获得了。纤维素在肠道内被正常菌群败解过程中，也为正常菌群提供了食物，从而维持正常菌群的正常状况。

母乳喂养儿每天的排便次数容易偏多且偏稀，但这不是母乳喂养性腹泻。母乳中富含低聚糖（12 ~ 14 克/升），在肠道中被双歧杆菌败解，产生很多短链脂肪酸，吸收很多水分，这是非常好的现象。低聚糖被败解过程中，也为双歧杆菌提供了食物，同时还可营养结肠细胞。母乳喂养带来的轻泻现象是健康的标志。

那么，母乳喂养是经验问题，还是科学问题？应该是科学问题。母乳喂养好，但只有科学喂养才能做到这个"好"字。近来对母乳喂养的研究突飞猛进，比如母乳喂养的有菌过程对婴幼儿免疫建立和过敏预防的好处，母乳喂养能降低成人期代谢疾病发生等。遵循科学，才可宣传母乳喂养，才是对下一代的负责。

母乳喂养的频度：

最初几周内，鼓励每24小时进行8～12次喂养

24小时喂养
8～12次

A. 饥饿的早期体征——警觉、身体活动增加、脸部表情增加，精神不集中

B. 饥饿的晚期体征——哭闹

若母乳喂养适宜，喂养次数可降至每24小时8次，最长无喂养睡眠可达5小时

孩子吃奶量与推荐量不同怎么办

诸位家长朋友不要太纠结于孩子的吃奶量是否与推荐量相同，因为所有的建议都是原则性的，都是参考和指导，任何一项推荐都不可能适用于所有人。由于每个孩子各有特点，不是所有推荐都一定与您的孩子完全符合。家长应根据推荐原则，结合孩子情况，在医生指导下，制定适合自己孩子的食谱和食量。

我们所说的推荐每天7~8次的婴幼儿喂养规律，绝对不是机械的24除以7或8的概念。良好的喂养习惯应该是每天7~8次，孩子清醒时间较长时，可间隔2.5小时就喂养；睡眠时间较长时，可5~6小时再喂养。

但孩子每天只应有一次长睡眠，家长最好引导到夜间，注意是引导而不是强迫。若孩子有长睡眠习惯，不要打扰。

抽吸出的人乳储存

场所和温度	时间
储存于+25℃的温室	4小时
储存于+15℃的冰盒内	24小时
储存于+4℃冰箱内	48小时
储存于+4℃冰箱内（经常开关冰箱门）	24小时
冷冻人乳：	
冷冻室温度保持于–5℃~15℃	3~6月
低温冷冻（–20℃）	6~12月

母乳喂养期间奶水太多，每次宝宝只能吃完一边，怎么办呢？

母乳多是件好事！喂足婴儿后将多余的乳计用吸奶器吸出置于一次性储奶袋内，存放于冰箱内冷冻，可保存3~6个月。以后母亲不在家，家人可将冷冻母乳置于冰箱冷藏室内解冻，再置于温水内加温，然后经奶瓶喂养婴儿。

谢谢崔大夫，前面吸的全部倒掉了，好可惜……

妈妈乳汁分泌过多怎么办

如果妈妈乳汁分泌过多或因为一些原因不能直接母乳喂养时，可用吸奶泵，最好是电动吸奶泵抽吸乳房，并将抽吸出的乳汁置于专业储奶袋内，排尽其中的空气，封闭保存。如果12小时内会给孩子喂养，可将抽吸出的母乳置于冰箱冷藏室内，否则应置于冷冻室内保存。

在给孩子喂养前，先将储奶袋密封冷冻的母乳置于冷藏室内，待变成液体，再用温水温热。待到温度适宜，再去除储奶袋的封条，将温热后的母乳倒入奶瓶中喂养。温热冷冻母乳的过程不宜过快，否则会出现层析和腥味。注意整个母乳抽吸、保存、复温过程要清洁。

很多研究表明，4℃冷藏室内母乳可保存48小时至72小时。由于我们家庭日常生活中使用的冰箱的冷藏室很难保证维持在4℃水平，而且反复开关冰箱会导致温度不稳定，所以建议抽吸出的母乳置于冷藏室内不要超过12小时，以防母乳变质。

由于冰箱冷冻室内温度较恒定，将母乳冷冻三个月至六个月应该没问题。只是解冻母乳时最好有计划。先将冷冻母乳放于冷藏室内，待完全变成液体再用温水温热。冷冻母乳只能解冻一次，所以冷冻母乳一个包装单位最好在150毫升左右。

婴儿哭闹并不都是饥饿所致

婴儿肠绞痛（COLIC）
常见原因：胃肠发育不成熟
诱发因素：更换配方奶粉
发生率：16% ~ 26%
定义：
营养充足的健康婴儿，每天哭闹至少3小时，每周哭闹至少有3天，且发作超过3周。
出生后3周开始，4-6月后逐渐改善。

教育父母，婴儿的哭闹不是病症。

尽可能保持婴儿处于舒服的体位。

协助孩子顺利排便。

服用改善胃肠蠕动的药物二甲基硅油10滴/次；一日三次；持续2~3周喂奶前直接滴入口腔。

母乳喂养过频也容易使婴儿"肥胖"

人们普遍认为母乳喂养儿很少出现肥胖，但实际上却经常见到。母乳喂养婴儿出现"肥胖"的原因，往往与喂养过频有关。4～6个月内婴儿容易出现婴儿肠绞痛现象。肠绞痛的婴儿，容易经常哭闹，家长往往误认为是孩子饥饿，而喂养过频。

如果家长发现孩子有时"饥饿"过频，接受喂养时间又很短，加上排气多、哭闹多，就可能是婴儿肠绞痛。肠绞痛时，让孩子尽可能多趴着、顺时针按摩腹部、服西甲硅油（也称为二甲硅油）和益生菌等方法都可以缓解肠绞痛。缓解肠绞痛，减少哭闹，才可避免过频喂养。所以，婴儿哭闹并不都是饥饿所致。

如果已经出现肥胖现象，家长不可能以"节食"的方式控制婴儿体重增长，应该尽可能增加婴儿的运动。最简单、最可行的方式，就是让孩子在清醒后和喂奶前，尽可能多趴着。俯卧可增加孩子运动消耗，同时对神经系统和肌肉发育非常有利。只要孩子情绪好，家长不要担心"趴着"会累坏孩子。

如果孩子进食和生长都正常，且夜间睡觉非常好，几个月后就可以不必刻意夜间按时叫醒孩子喂奶。孩子睡眠时代谢慢，消耗少，且生长激素相对旺盛，对生长非常有利，没有必要担心饿坏孩子。

如果孩子夜间为了喝奶自主醒来，且此次喝奶量与每次相同，说明孩子还是饿了，应该坚持夜间喂养。如果喝奶量少，仅是安慰性的，可以逐渐往后拖延夜间喂养时间，进而逐渐剔除此次夜间喂养。是否夜间喂养要与孩子实际情况相对应，不可规定何时必须停止夜间喂养。

有些母乳喂养婴儿比较容易夜间多次醒来吃奶。对此现象，妈妈首先不要搂着孩子睡觉。搂着孩子睡觉，比较容易出现多次夜间吃奶。家长可以观察到，夜间孩子醒来吃奶，不是每次都与平时吃奶相同，会有安抚性吃奶。经常这样会影响孩子睡眠，不利于婴儿健康生长。

孩子何时不再需要夜奶喂养

很多朋友都关心孩子何时可以睡整夜觉这个问题。关心这个问题之前，家长首先应考虑孩子进食和生长发育情况。如果进食和生长都正常，且夜间睡觉非常好，几个月后就可以不必刻意夜间按时叫醒孩子喂奶。孩子睡眠时代谢慢，消耗少，且生长激素相对旺盛，对生长非常有利，没有必要担心饿坏孩子。

如果孩子夜间自主醒来要喝奶，首先要确定喝奶量。如果此次喝奶量与每次相同，说明孩子还是饿了，应该坚持夜间喂养。如果喝奶量少，仅是安慰性的，可以逐渐往后拖延夜间喂养时间，进而逐渐剔除此次夜间喂养。是否夜间喂养要与孩子实际情况相对应，切不可攀比，或规定何时必须停止夜间喂养。

有些母乳喂养婴儿容易夜间多次醒来吃奶，特别是在妈妈上班之后。对此现象，我个人认为，妈妈首先不要搂着孩子睡觉。搂着孩子睡觉，比较容易出现夜间多次吃奶现象。家长可以观察到，夜间孩子醒来吃奶，不是每次都与平时吃奶量相同，有时会有安抚性吃奶。经常这样会影响孩子睡眠，不利于婴儿健康生长。

有一些妈妈们有半夜涨奶的情况。此时不可刻意吵醒孩子喂养，可用吸奶泵吸出，放入专用食袋，排出空气，密封并冷冻保存。

孩子何时
不需要夜奶喂养

对于夜间多次吃奶，而且有安抚性吃奶现象的宝宝，妈妈可掌握时机控制喂奶次数。其余由爸爸或其他家人帮助解决。这样，对于已上班的妈妈而言，既可得到很好休息，又尽可能保证婴儿睡眠。其实，上班后继续母乳喂养的妈妈非常辛苦，调整好自己的作息时间，不仅利于自己白天工作，更利于坚持母乳喂养。

没有任何理论提及"不提倡喂夜奶"。虽然我们都希望孩子夜间能够睡长觉，但是还要结合孩子的具体情况而定。孩子需要夜奶，除了真正饥饿原因外，还有肠绞痛等造成的胃肠不适、对母乳喂养依赖等原因。如果发现夜奶过频，同时每次夜奶时间很短，应该考虑原因，必要时可请教医生。

对于夜间多次吃奶、而且有安抚性吃奶现象的宝宝，妈妈可掌握时机控制喂奶次数。妈妈应尽可能早地让孩子自己在小床上睡觉，接触孩子的时间应该有规律。其他的时间由爸爸或其他家人来照顾，让孩子明白并不是每次睡醒都会有奶吃。再有就是在睡觉之前可以让孩子吃得相对饱一些，逐渐养成夜间规律吃奶的习惯，再过渡到夜里不吃奶。这样，对于已上班的妈妈而言，既可得到很好休息，又尽可能保证婴儿睡眠。其实，上班后继续母乳喂养的妈妈非常辛苦，调整好自己的作息时间，不仅利于自己白天工作，更利于坚持母乳喂养。

没有任何理论提及"不提倡喂夜奶"。虽然我们都希望孩子夜间能够睡长觉，但是还要结合孩子的具体情况而定。孩子需要夜奶，除了真正饥饿原因外，还有肠绞痛等造成的胃肠不适、对母乳喂养依赖等原因。如果发现夜奶过频，同时每次夜奶时间很短，应该考虑原因，必要时可请教医生。

母乳喂养期间妈妈生病服药应该注意什么？

哺乳期母亲生病应该治疗，这样才能保证母亲健康，确保后续的母乳喂养。

母乳喂养期间妈妈使用 **药物应该关注这样的标识**

 L1 — 代表母乳喂养期间妈妈使用该药物对婴儿**非常安全**

 L2 — 代表母乳喂养期间妈妈使用该药物对婴儿**比较安全**

 L3 — 代表母乳喂养期间妈妈使用该药物对婴儿**基本安全**

 L4 — 代表母乳喂养期间妈妈使用该药物对婴儿可能**存在危险**

 L5 — 提示使用该药物期间**禁忌母乳喂养**

若选择L1或L2药物，妈妈可以持续母乳喂养。

若使用L3～L5药物，应暂停母乳喂养。

母乳喂养期间妈妈生病服药应该注意什么

妈妈母乳喂养期间一旦生病，肯定会陷入母乳喂养与治病的矛盾中。哺乳期母亲生病应该治疗，只有治疗疾病才能保证母亲健康，也才能确保后续的母乳喂养。但是，母乳喂养期间妈妈使用药物应该关注这样的标识：L1、L2、L3、L4 和 L5。L1 代表母乳喂养期间妈妈使用该药物对婴儿非常安全；L2 代表比较安全；L3 代表基本安全；L4 说明可能存在危险；L5 提示使用该药物期间禁忌母乳喂养。

通过《药物与母乳喂养》或其他详细的药物手册可以查找药物的 L1～L5 的分级。L1 和 L2 级药物在母乳内分泌极少，言外之意，妈妈服药期间对婴儿产生影响极小。若选择 L1 或 L2 药物，妈妈可以持续母乳喂养。若使用 L3～L5 级药物，应暂停母乳喂养，并坚持定时用吸奶器吸奶，最好使用电动吸奶器。停药 24 小时后，将乳汁吸出后，再开始母乳喂养。

因为该资料来源于国外，所以没有中药的分级查找。因而服用中药要慎重。如果母乳喂养的妈妈需要服用药物，而药物说明书上没有找到 L1～L5 这样的标识，建议咨询药房或者上网查找。现在已有此类专门书籍正式出版。

总之，哺乳期母亲生病硬撑着未必是最佳选择。生病后应请教医生，确定选择保守非药物治疗、药物治疗还是其他治疗方法。治疗期间根据具体情况，可考虑坚持母乳喂养或者暂停母乳喂养。若必须使用药物，考虑药物的 L1～L5 的分级。若选择 L1 或 L2 药物，便可以坚持母乳喂养。

拿了手边的几种中药都没有这个标识，而药物说明通常写"怀孕、哺乳期间的用药请咨询医师"，或者"影响尚不明确"，这样的药物不知道能否使用？

药物有L1～L5的标识，预示母乳喂养期间药物对婴儿可能造成的影响，也就是药物应用过程中的安全性问题。但是，这些被标识的药物不包括中药。有些妈妈认为母乳喂养期间生病只有硬撑，有一定道理，但是对于相对较重的疾病还是建议服用药物。

中药

崔医生，我因为食物中毒，用了蒙脱石散没用，最后没办法只能吃氧氟沙星，我想问一下吃了这种药后要多久可以给宝宝喂奶？

如果因为母乳喂养期间妈妈生病必须服用一些药物，而药物有可能通过乳汁进入孩子体内时，妈妈必须暂时停止母乳喂养。当停药24小时后，将母乳吸出，再有母乳才可继续喂养婴儿。

崔医师，妈妈感冒了还能喂母乳吗？

如果妈妈在母乳喂养期间不巧出现咽部不适，或出现感冒等症状，在喂奶时可以戴上口罩。也要注意此间不要亲吻孩子。引起感冒的病毒不会通过乳汁传给孩子，倒是妈妈体内对抗感冒病毒的抗体会通过乳汁传给婴儿，增强孩子抵抗疾病的能力。

母乳喂养期间，妈妈难免出现头痛脑热。只要不是乳房局部感染（乳腺炎、乳房单纯疱疹感染），就可以继续母乳喂养。呼吸道感染伴发热时，母亲可服用对乙酰氨基酚退热剂（属于L1类药物），哺乳期间母亲服用对婴儿无任何不良影响。

我能吃什么退烧药呢，崔医生？

XXX

太感谢了！！真是及时雨啊…感谢！

那孕妇乙肝小三阳，肝功能正常，孕28周做乙肝DNA病毒数量小于1000，能母乳喂养吗？

乙肝病毒DNA载量大于10⁶，说明乙肝病毒复制性强，传染机会也高。为了对母乳喂养进行评估，在孕后期验血比较可靠。

对于乙肝病毒由母亲至胎儿或婴儿垂直传播的研究很多。10年前我也参加了一项关于拉米夫定阻断乙肝垂直传播的研究。至今，世界上仍没有大的突破性进展。唯一得到共识的是婴儿出生后12小时内要接种乙肝疫苗和注射乙肝病毒免疫球蛋白。以后按常规于生后1个月、6个月再接种两次乙肝疫苗。

不少孕妇体内乙肝大三阳或小三阳，既担心怀孕期间传给胎儿，又担心生后母乳喂养传给婴儿。其实，大三阳或小三阳都不代表是否具有传染性，只有"乙肝病毒DNA载量"才是是否具有传染性的指标。建议孕妇在孕后期要接受此项检测，评测传染性大小、预估母乳喂养的可行性。

如果乙肝病毒DNA为阴性，无论母亲有大三阳还是小三阳都可进行母乳喂养。

纯母乳喂到什么时候比较好，我宝宝四个半月，我马上要上班了！

我们通常提及的纯母乳喂养指的是直接母乳喂养。

由于上班或其他原因不能在家母乳喂养时，妈妈应该将乳汁吸出，通过奶瓶给婴儿喂养抽吸出的母乳。

谢谢崔医生，可是通常都说上班奶水容易变少，有什么保证奶水的方法吗？

这同样是在坚持母乳喂养。千万不要认为不能直接喂母乳，就一定要喂配方粉。

妈妈上班后，一定要定时吸奶，一般每3~4小时，用吸奶器，最好是电动吸奶器，抽吸母乳。

抽吸的母乳置于特制的储奶袋中，排空空气且密封后，放于冰箱内冷藏。下班后带回家作为孩子第二天白天的食物。

崔医生，如果冷藏要多久内吃掉？

如果冷藏母乳，时间不要超过24小时。冷冻母乳可保存3~6个月。使用冷冻母乳喂养婴儿前，先放入冷藏室内解冻，再用温水温热。绝对不能使用微波炉加热，也不能放入炉子上加热。

妈妈上班后是否还能母乳喂养

很多妈妈非常想坚持母乳喂养，可是需要重返工作。工作中的哺乳妈妈应定时将母乳吸出，置于特殊的无菌储存袋内，尽快排出储存袋中空气，封闭后放入一定的环境保存。本书第58页中的表是不同环境条件下推荐的储存时间，若实际条件不能达到表中的要求，应适当缩短储存时间。

抽吸出的母乳置于储奶袋内，并排除空气后封闭保存，最好置于冰箱内冷藏或冷冻！因为抽吸母乳过程中，妈妈乳头和乳头周围皮肤上正常存在的需氧菌和乳管内的厌氧菌会随着抽吸乳汁过程与乳汁混合。这种混合对宝宝肠道非常有利。若抽吸出的乳汁置于奶瓶内，奶瓶中的空气会使细菌发生变化。

冷冻母乳需要注意以下几点：

1. 泵出的母乳尽快放入专门的母乳储存袋内，将袋内空气排净，并用专门封条密封。

2. 将密封好的母乳放入冰箱或冰柜内冷冻。

3. 冷冻可保存 3 ~ 6 个月。

4. 食用前，先将冷冻母乳置于冷藏室化冻，再用温水温热。

5. 温热后，才可打开储存袋的密封，倒入奶瓶内喂养婴儿。

提示：冷冻母乳不能反复解冻、冷冻。

吸奶器

手动吸奶器在吸奶过程中不能保持恒定的频率和力量，对乳房的刺激不良。

双头电动吸奶器为最佳选择，可以调控力量和频率，持久恒定，节省吸奶时间。

吸奶器可帮助疏通乳管，减少或避免乳腺炎发生。

哺乳后吸出多余乳汁，置冰箱内冷冻以备妈妈不在家时使用。

王姐，我的电动吸奶器送给你吧。

好啊，谢谢。

电动吸奶器价格相对较高，使用后搁置十分浪费。建议自己不用后借给或送给朋友。

妈妈需要什么样的吸奶器

有些准妈妈或新手妈妈想买吸奶器又不知该如何选择，我建议如果家庭条件允许，还是买电动，最好是双头的。手动吸奶器的问题是人工控制吸奶过程，不能保持恒定的频率和力量，这样对乳房的刺激不良；而电动吸奶器可以调控妈妈认为最舒服的力量和频率，且能持久恒定。再有双头吸奶器可以节省吸奶时间。

购买吸奶器的目的不是为了代替直接母乳喂养。孩子出生后早期，妈妈不一定有充足乳汁，因此除了尽可能让孩子吸吮妈妈的乳房外，再使用吸奶器抽吸乳房，母乳产生会相对早些，量也相对较多。而且，如妈妈上班后，工作期间可以将母乳吸出，置于冰箱内冷冻保存，作为孩子第二天白天的食物。

电动吸奶器价格相对较高，而且对每个家庭来说只是短时间使用，一般不会超过一年，使用后搁置十分浪费，建议借给或送给朋友，使其发挥更大作用。再者，吸奶器主体为机械结构，不会与乳汁接触，又因为与乳汁接触的部位可以更换，所以没有"污染"之说。

吸奶器抽吸乳汁绝对不是直接母乳喂养的另一种方法。母乳喂养初期，因乳管不通且孩子吸吮力相对较弱，或不能直接母乳喂养时，可用吸乳器；如果直接母乳喂养后妈妈乳房内仍然有多余乳汁，可用吸乳器；妈妈上班等外出不能进行直接母乳喂养时，要定时使用吸乳器。

崔医生，我得了乳腺炎，暂时不能母乳喂养，另外还担心乳腺炎会反复发作，您有什么好的建议？

哺乳期的乳腺炎主要由乳管阻塞造成。

建议在治疗的同时，定时热敷和按摩乳房，并用吸奶器抽吸乳汁。

只要乳管被吸通，今后就不会再得乳腺炎了。

想母乳喂养的妈妈，应了解吸奶器的使用，特别是那些在职妈妈。哺乳喂养初期，吸奶器可帮助疏通乳管，减少或避免乳腺炎发生；哺乳中，若妈妈乳汁过多，可在每次哺乳后吸出多余乳汁，置冰箱内冷冻（可以保存3～6个月）以备妈妈不在家时使用；妈妈上班后要定时吸乳，从而保证能够继续坚持母乳喂养。

有些妈妈看到储奶袋里有空气，担忧母乳会变质。其实，未排空空气的话，可能会增加污染菌的增长，但并不一定会导致母乳变质。家长可以先观察品尝一下解冻后的母乳，如果出现酸味或凝块，就不要给婴儿喂养，若无异常，则给婴儿喂养。

冷冻母乳需要注意以下几点:

将母乳放入专门的储存袋内,排净袋内空气,并用专门封条密封。

将密封好的母乳放入冰箱或冰柜内冷冻。

冷冻下可保存3~6个月。

食用前,先将冷冻母乳置于冷藏室化冻,再用温水温热。

温热后,才可打开储存袋的密封,倒入奶瓶内喂养婴儿。

母乳喂养婴儿时,晚上是单独睡,还是与妈妈同床睡?

有些妈妈为了喂养方便与孩子同床睡,随时可母乳喂养。这样看似能按需喂养,实际上"母乳喂养过程"容易成为孩子精神安慰剂。这样,若妈妈产后恢复工作,白天不能直接喂母乳,夜间喂奶次数就有可能增加,有时可达6~7次,导致妈妈和孩子都不能很好休息。

如何让孩子接受奶瓶喂养

妈妈对于母乳喂养有自己的计划吗？妈妈产后何时上班？是否有时必须出门以至不能按时给孩子喂奶？如果妈妈患病不能直接给孩子喂奶怎么办？这种情况下只有通过奶瓶喂养。

奶瓶喂养并不意味着用奶粉喂养，若妈妈平时通过奶泵抽吸储存一些多余的乳汁，就可用奶瓶喂养这些抽吸储存的乳汁。

虽然家长随时都可用奶瓶给孩子喂养储存的抽吸出的乳汁，可婴儿不一定能接受奶瓶喂养。做到纯母乳直接喂养后，妈妈要根据自己实际情况考虑可能直接纯母乳喂养的时间。

若产后 3 ~ 4 个月必须上班，家长除平时努力抽吸多余母乳外，还要每周 2 ~ 3 次通过奶瓶喂抽吸出的乳汁，使孩子不抗拒奶瓶喂养。

母乳喂养的妈妈重返岗位后，上班期间孩子能够接受奶瓶非常重要，但不一定是要接受配方粉。如果妈妈有足够的乳汁，可以在上班期间吸出，最好尽快冷冻。待上班期间让家人解冻后通过奶瓶喂给婴儿。这要求妈妈在重返工作之前就要锻炼孩子能够接受奶瓶喂养。

奶瓶喂养并不意味着奶粉喂养

妈妈上班前要让孩子习惯奶瓶喂养

奶瓶喂养要让其他家人来做

妈妈抱着孩子喂奶瓶=气孩子

为了使母乳喂养的孩子在妈妈重新工作期间，能够接受奶瓶喂养抽吸出的母乳，妈妈上班前要间断用奶瓶喂养婴儿。不过有一点应该注意，尝试使用奶瓶喂养，一定不能由妈妈来做，应该由家中其他人帮忙，否则容易造成婴儿对奶瓶的厌烦。

　　母乳喂养的妈妈抱着孩子喂奶瓶＝气孩子！

　　用奶瓶喂养抽吸出的母乳，不是常规推荐的母乳喂养方法之一，而是对于妈妈不能在家坚持直接喂养时的一种补充，也是增加母乳喂养时间的一种补充方式。有研究表明，抽吸出的乳汁，经过冷冻后再逐渐解冻，营养物质损失不到 1%，免疫性（一些活性营养素）减少也非常有限。

母乳喂养多久比较好?

据调查表明，六成以上的宝宝在出生后12个月内断母乳

每一位母亲的哺乳经历各不相同，调查显示：

22.8%的宝宝在第一阶段断母乳。39.3%的宝宝在第二阶段断母乳。31.1%的宝宝在第三阶段断母乳。由此可见，六成以上的宝宝是在第一或第二阶段断的母乳。

宝宝断母乳的阶段（%）

阶段	时间	百分比
第一阶段	0～3月	9.9
	4～6月	12.9
第二阶段	7～9月	18.3
	10～12月	21.0
第三阶段	1岁以上～2岁	28.5
	2岁以上～3岁	2.6
	3岁以上	0.4
	我一直采用奶粉喂养	6.3

母乳喂养多久比较好

母乳喂养多长时间对婴儿最好？这是一个永恒且永远说不清的话题。母乳喂养的目的是为了婴幼儿生长健康。为此，母乳喂养期间要使用生长发育曲线密切监测，如发现问题应及时进行科学调整。我们既不能轻易放弃母乳喂养，也不能患上母乳喂养强迫症。要记住家长的目标是养育健康的婴儿，而不是追求固定过程。

从营养成分分析来看，4～6月后的母乳营养素含量会逐渐减少，但此时应开始添加辅食，而且添加量和种类也会逐渐增多。两者之和正好符合婴儿生长发育的需要。母乳成分随时间变化与婴儿随时间生长发育息息相关。

母乳中的营养成分会随着哺乳的时间而变化，这些变化与婴儿出生后对营养素的需求正相吻合。其实母乳中除了含有婴儿生长发育所需的营养素外，还含有一类对婴儿肠道正常菌群有益的人乳中特有的低聚糖。当我们赞美母乳的时候，应该首先感谢伟大的母亲。

我身边就有两个相差几天的小孩

一个是从出生就坚持母乳喂养

一个是坚持喝进口奶粉

现在看起来，喝奶粉的小孩
从精神状态、体型等各方面
都要比喝母乳的小孩好，为
什么？

喝配方粉的婴儿为何比喝母乳的婴儿长得大

总体来讲，配方粉喂养的孩子会比纯母乳喂养的孩子长得偏大，这并不意味着配方粉喂养效果好。由于配方粉中很多营养物质来自牛乳或羊乳，其结构和功效不及母乳，所以配方粉会以数量进行弥补。配方粉中营养物质含量高于母乳，比如蛋白质会高出 20%，但其促进生长过速未必都是益处。

从表面上看，母乳的营养物质含量不及配方粉，但实际上母乳中很多营养物质至少目前还不能人工合成，再加上独一无二的有菌喂养过程的特点，保证了母乳喂养八大益处的实现（健康、营养、免疫、发育、心理、社会、经济、环境）。

为什么母乳喂养儿不如配方粉喂养儿长得快？这是很多家长经常谈及甚至有些担心的问题。实际上，是大家选错了参考对照。世界卫生组织（WHO）2006 年和 2007 年发布的 5 岁以内儿童生长发育曲线，就是基于母乳喂养儿的生长过程而绘制的，这说明母乳喂养儿生长过程才是正常的参考对照。

太多研究表明婴幼儿早期生长过快与今后成人期健康问题密切相关，配方粉喂养就容易导致婴儿早期营养素摄入相对过多，引起生长过快，其实孩子短时间生长过快并不利于心肺的发育，建议家长尽可能坚持合理有效的母乳喂养。既不要将母乳喂养神化，也不要轻易否定和放弃。母乳喂养是个艰难的过程，凝集着母亲的喜怒哀乐。新妈妈们遇到问题，一定要及早请教专家或有经验的母亲。

如何给孩子更换奶粉？

中国妈咪对奶粉产品特点关注与认知的背离

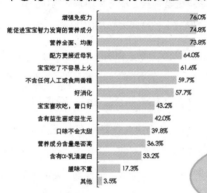

特点	百分比
增强免疫力	76.0%
能促进宝宝智力发育的营养成分	74.8%
营养全面、均衡	73.8%
配方更接近母乳	64.0%
宝宝吃了不容易上火	61.6%
不含任何人工或食用香精	59.7%
好消化	57.7%
宝宝喜欢吃，胃口好	43.2%
含有益生菌或益生元	42.0%
口味不会太甜	39.8%
营养成分含量是否高	36.3%
含有α-乳清蛋白	33.2%
腥味不重	17.3%
其他	3.5%

64.0%的妈咪关注奶粉配方是否更接近母乳，但是，70.6%的妈咪不清楚什么样的奶粉与母乳最接近。

听说经常给宝宝更换不同品牌的奶粉能让他得到更丰富的营养，是这样吗？

这种说法不成立。不同品牌的奶粉，营养成分几乎都相同，对宝宝的发育和健康几乎不会产生差异。

不建议经常给宝宝换奶粉品牌，特别是1岁以内的宝宝。因为他的消化系统发育不成熟，频繁地适应不同品牌的奶粉可能会增加消化负担，甚至引发消化不良。

如何给孩子更换奶粉

在养育孩子的过程中，可能会遇到更换奶粉的问题。由于每种配方粉的组成不同，换奶粉时容易出现不耐受现象，有可能出现便秘或腹泻。建议家长如果没有特别原因不要更换配方粉品牌。如果必须更换，且不是严重疾病问题（比如腹泻、过敏等），可以在原有配方粉中逐渐增加新配方粉的比例，经过3～7天逐渐过渡到所要更换的配方粉。

不同厂家的普通配方粉虽来自不同研究基础，但混合后不会出现物质之间的拮抗。为避免在换奶粉过程中出现不耐受现象，建议将两种奶粉混合喂养。原有奶粉比例逐渐减少，利用3～7天，根据接受情况逐渐换成新奶粉。家长不用担心两种混合会损伤婴幼儿。

如果因为一些原因给孩子选择特殊配方粉，比如不含乳糖配方粉，转换奶粉时要特别注意。腹泻时，要快速换成不含乳糖的配方粉。因腹泻等原因选择了不含乳糖配方粉，当腹泻见好后，换奶粉时要将普通配方与无乳糖奶粉混合，逐渐增加普通配方比例。如果按次换成普通配方，看似逐渐转换，一旦不接受，一次喂养后就会出现腹泻现象。

因过敏选了水解蛋白配方粉，当过敏症状见好，并保持一定时间，一般建议3～6个月后，再逐渐转换奶粉。由氨基酸配方至深度水解；深度水解至部分水解；部分水解至普通配方。每次转换必须采用混合方式，并且由1∶10的比例开始，出现怀疑是过敏的症状时，立即停止增加转换比例，出现严重过敏则换回原有配方。

国外的奶粉适合中国的宝宝吗?

仅两个月的孩子，出现湿疹和腹泻10天。

出生后接受的是国外购买的水解配方，2周前换成了一种美国普通奶粉。

问题非常明了，属牛奶蛋白不耐受。家长不知道HA就是低敏，是部分水解蛋白的意思。结果换成普通配方就出现了问题，说明婴儿本身就存在牛奶蛋白耐受问题。选择国外奶粉必须知道其特性，了解以下几点信息：

奶粉原始来源于牛奶、羊奶还是大豆

适用的年龄阶段

属于常规整蛋白的普通配方，还是水解蛋白（部分、深度水解，还是氨基酸）配方

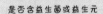

益生菌　益生元

是否含益生菌或益生元

配奶需要的水温和水与奶粉的比例等。国外同一品牌有多种奶粉，各有适应人群。

国外的奶粉是否适合中国的宝宝

很多家长喜欢从国外代购婴儿奶粉，有些家长就会问这些按照外国标准生产的奶粉适合中国宝宝的体质吗？其实，如果宝宝喝了这种配方粉后没有任何不良反应，生长发育也很正常，家长就不用担心。但不同国家和地区的婴儿配方粉应该有着地区特异性，比如沿海地区的奶粉可能含碘会少些，严寒地区的奶粉可能含维生素 D 会多些。如果家长要选择国外奶粉，最好选择纬度相适宜的国家或地区的奶粉。

但是，代购品是否存在安全隐患？为此，家长应该多留心。

家长了解这些奶粉吗？有些家长带来奶粉让我看，可惜不是日文就是德文或荷兰文，不能清楚地了解奶粉罐上介绍的所有信息。这样使用不能理解的文字标识的奶粉，会让人心里不够踏实。建议家长选择自己能够读懂的文字标识的奶粉。

如选择国外奶粉，必须了解几点信息：奶粉原始来源于牛奶、羊奶还是大豆；适用的年龄阶段；属于常规整蛋白的普通配方，还是水解蛋白（部分、深度水解，还是氨基酸）配方；是否含益生菌或益生元；配奶需要的水温和水与奶粉的比例等。

国外同一品牌大多有多种奶粉，各有适应人群，家长一定要弄清这些基本信息，从而给孩子选择适合的奶粉。不是价钱越贵的奶粉就是最适合孩子的奶粉。

产后妈妈根据自身状况，可以进行适当运动。如果有机会，可以请专业人员进行指导。不论进行何种运动，应循序渐进，不可用力过猛，突然运动量过大。

母乳喂养期间的妈妈应生活规律；食物种类每周最好50种以上，但不要因母乳喂养而刻意强迫进食量；再有就是心情舒畅。适当运动不仅为了控制体重，而且还可利于自身健康，保持心情舒畅。

母乳妈妈可以健身吗

有些母乳妈妈有健身的习惯，但又担心健身会影响到母乳的数量和质量。有些妈妈甚至认为宝宝吃了健身后的奶会拉稀。那么，母乳妈妈还要不要健身，或者说做运动呢？

产后恢复妈妈的身体状况可通过适当锻炼来调节，有人称产后康复，有人称为健身。不论何称呼，都应该结合自身状况，循序渐进地进行。在产后不断增加运动的同时，完全可以积极地继续进行母乳喂养。如果有可能，配以专业健身人员的指导更佳。

但要记住：切不可突然运动量过大，否则容易伤害自己的身体；也不要仅为了健身，放弃母乳喂养。母乳是婴儿的最佳食物。

怀了二胎的妈妈，建议停掉母乳。因为妈妈在这期间正孕育着一个新的孩子，如果妈妈在此期间继续母乳喂养孩子的话，那么妈妈摄入的营养可能不能支撑两个宝宝的同时发育，所以建议妈妈中断母乳喂养，以保证小的孩子在妈妈体内能够健康的成长，同时保证妈妈自身的健康。

怀孕期间可以哺乳吗

现在开放二胎政策，有些妈妈就遇到了这样的问题，自己正在给大孩子哺乳的时候又发现自己怀孕了怎么办？是要中断母乳喂养还是怀着老二继续母乳喂养呢？

从妈妈本身的状况来说，我们还是建议停掉母乳，因为妈妈在这期间正孕育着一个新的孩子。如果妈妈在此期间继续母乳喂养孩子的话，那么妈妈摄入的营养可能不能支撑两个宝宝的同时发育，所以建议妈妈中断母乳喂养，以保证小的孩子在妈妈体内能够健康的成长，同时保证妈妈自身的健康。千万不要想着什么都顾及，结果因为营养问题导致腹内小婴儿的生长发育受到影响。

含辣的食物、咖啡、甜酒这一类食物，如果妈妈在怀孕前可以接受的话，在哺乳期可适当进食。

妈妈在哺乳期时，吃的越丰富越好，希望一周能够吃到50种食物。

注意 如果妈妈吃鸡肉、牛奶类制品导致孩子长湿疹，就要限制此类食物，尽量保持母乳喂养。

哺乳期妈妈吃什么比较安全

很多哺乳期的妈妈来问哺乳期吃什么样的食物对孩子更加安全呢？其实这个问题的答案跟我们成人是一样的，如果某种食物成人认为吃了不太安全的话，自然哺乳期是不能吃的。所以很多妈妈就会问到，能不能吃点辣的？能不能喝点咖啡？能不能喝点甜酒？如果这些食物妈妈在怀孕前可以接受的话，那么在哺乳期适当的进食是没有问题的，千万不要过量。

其实，任何食物都不要过量，都要按照均衡饮食的观点来进食，所以妈妈在哺乳期的时候，只要不是有特别的偏好，就不用特别关注自己的食物，吃的越丰富越好，希望一周能够吃到 50 种食物。

上班时用吸奶器吸奶带回家进行冰冻，吸奶器用开水烫过算是消毒。但月嫂说最好是用专门的消毒烘干锅（必须有烘干功能），这样消毒完再吸出来的奶才保存得久，宝宝吃了才不拉肚子。请问是不是这样？如果是的话，家里和公司都要各添加一个消毒锅，成本挺高的。

最好的家庭"消毒"方法是干燥。不论吸奶器、奶瓶，还是碗筷，清洗后保持干燥，可抑制细菌生长。建议清洗吸奶器、奶瓶和碗筷后，尽可能控干。比如开口朝下，放置干净的篦子上，控干内部的水。不一定要选择消毒烘干锅。其实，我们平常生活也是如此，我们使用的餐饮具，清洗后，保持干燥。

4 崔大夫门诊问答

婴儿便秘的治疗

配方奶喂养的孩子大便中出现奶瓣，说明消化不良。家长需注意：

排除肠发育异常问题

养成定时排便的习惯

奶粉不要冲调过稠

帮助婴儿排空干燥的大便

避免使用蜂蜜

添加益生菌治疗

效果不好，应转换其他配方

营养素治疗方法——益生菌、益生元

还要注意是否为过量钙和维生素D添加所致

为何配方粉喂养儿大便偏干

很多家长发现进食配方粉的孩子容易大便偏干，也有家长问为什么宝宝喝了配方粉就便秘？其实，配方粉本身不会引起宝宝便秘，如果宝宝有便秘的症状，爸爸妈妈就要考虑是不是在给宝宝喝了足够的配方粉后又给宝宝额外添加了钙，或者是不是没按照标准冲调配方粉，冲调的配方粉过稠也会导致宝宝便秘、消化不良。配方粉确实不如母乳易被消化，但是大便偏干可能与以下两方面有关：

1. 奶粉兑水时相对过稠。注意：根据奶粉罐上的说明向水中添加配方粉。很多时候家长担心配方粉偏少，会额外补充，造成奶粉人为变稠，这也会增加孩子肠道的负担。

2. 配方粉中已添加了婴儿生长发育所需的钙等微量元素和维生素 D 等维生素。若仍然额外补充，就会造成肠道内不能被吸收的钙等矿物质与脂肪酸结合形成钙皂，引起便秘。

两次喂养之间给
宝宝少喝点水

天气炎热或宝宝出汗
时水量应相应增加

宝宝小便透明无色

说明身体水分充足

宝宝小便发黄

说明宝宝需要喝水

通常建议大家在两次喂奶之间给宝宝少喝一些水。但当天气炎热或者宝宝出汗多的时候，水量要相对增加。家长可以通过观察宝宝小便的颜色来判断是否应该给宝宝喝水，如果小便透明无色，说明身体里的水分充足；如果小便发黄，说明需要喝一些水了。

　　应该提醒家长注意的是，粪便中的水分不是喝水而来，而是纤维素被肠道菌群败解而产生的，所以仅多喝水不能缓解宝宝便秘。有效缓解宝宝便秘的办法是食用益生菌 + 益生元，母乳喂养过程正好能起到这种效果。

婴儿对牛奶不耐受分为两种情况：

一、牛奶蛋白过敏

出生后第一口奶为配方奶时，容易诱发牛奶蛋白过敏。若母乳真的不足，医生建议添加配方奶时，应添加水解蛋白配方。

水 解 蛋 白

水解蛋白

二、乳糖不耐受

若给宝宝换用不含乳糖配方粉或在现有奶粉中添加乳糖酶后，宝宝腹胀、水样便的症状有所缓解或消失后，就可确定为乳糖不耐受。

糖

乳 酶

婴儿对牛奶不耐受怎么办

一个多月大的婴儿因每日无规律阵发性哭闹、吐奶、排气多、排便次数多且大便稀，多次就诊且服用一些药物后效果不佳。因接受混合喂养，所以考虑为牛奶耐受不良。而将普通配方粉换成部分水解配方粉后，当晚情况明显好转。对"不可解释"的小婴儿哭闹、腹胀伴腹泻，可考虑食物不耐受——牛奶不耐受。

婴儿对牛奶不耐受分为两种情况：

1. 牛奶蛋白过敏。牛奶蛋白中含有母乳没有的蛋白质分子，如 β - 乳球蛋白和 α - 酪蛋白。加上肠黏膜发育和肠道菌群不成熟时过早添加配方粉，特别是出生后第一口为配方粉时，容易诱发牛奶蛋白过敏。若出生后母乳真的不足，医生建议添加配方粉时，应添加水解蛋白配方。

2. 乳糖不耐受。乳汁，包括母乳在内，碳水化合物主要为乳糖。乳糖要经过婴儿小肠黏膜上乳糖酶分解才能吸收。乳糖不耐受指的是因婴儿小肠黏膜上乳糖酶不足或破坏增

牛 奶 蛋 白

母乳喂养儿：母亲适量限制饮食

配方奶喂养儿：选用特殊配方奶

1. 豆奶——低出生体重婴儿和骨质疏松症者不建议使用

2. 部分水解配方奶粉

3. 深度水解蛋白配方粉

4. 氨基酸配方

　　　　　无过敏原

　　　　　氨基酸为原料

乳糖不耐受

- 继发性乳糖不耐受

  由胃肠炎和营养不良所致的乳糖酶水平暂时降低

- 先天性乳糖不耐受极为少见

- 治疗：豆奶或不含乳糖的配方奶

加，不能分解奶制品中的乳糖，致使乳糖进入结肠，败解后产生很多气体，同时吸收很多水分的过程。表现为腹胀、水样泻，但大便检查提示正常，多见于急性腹泻病后。虽然确实有婴儿患原发性乳糖不耐受，但非常少。只有急性腹泻时才会出现暂时乳糖不耐受。所以进食配方粉出现问题时，不应首先考虑乳糖不耐受。

若换不含乳糖配方粉或在现有奶粉中添加乳糖酶后，症状有所缓解或消失，就可确定为乳糖不耐受；若症状不缓解，换水解蛋白配方后见效，考虑牛奶蛋白过敏。对牛奶过敏的婴儿，在妈妈适当限制饮食下，首先考虑母乳喂养。除非妈妈已相当限制自己饮食种类，婴儿过敏仍非常严重，或持续加重，说明因牛奶过敏已出现对母乳的交叉过敏，这时应考虑停止母乳喂养。不过，仅极少数情况需要停止母乳喂养。如果母乳不足，应添加深度水解配方粉，而不是豆奶。

近六成妈咪认为无论哪种喂养方式都需要补钙

母乳喂养的
宝宝不需要
额外补钙

认同 23.6%   69.1% 不认同

7.3%

不清楚/不知道

无论是母乳喂养
还是奶粉喂养的
宝宝都会出现缺
钙，都需要补钙

认同 59.5%   32.7% 不认同

7.8%

不清楚/不知道

超八成妈咪给宝宝额外补钙

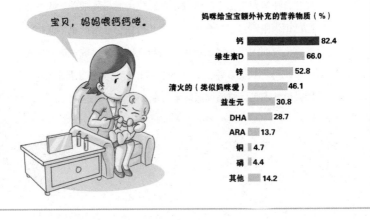

宝贝，妈妈喂钙钙喽。

妈咪给宝宝额外补充的营养物质（%）

钙	82.4
维生素D	66.0
锌	52.8
清火的（类似妈咪爱）	46.1
益生元	30.8
DHA	28.7
ARA	13.7
铜	4.7
磷	4.4
其他	14.2

母乳喂养的宝宝是否需要补钙

母乳喂养的婴儿是否需要额外补钙呢？0～6个月婴儿每天需要的钙为210毫克；7～12个月的婴儿每天需要的钙为270毫克；人初乳中含钙为250毫克/升，成熟乳中含钙为200～250毫克/升。研究数据可以清楚表明，母乳可以轻松满足6个月内婴儿对钙的需求，6个月以后婴儿开始添加辅食，所以也不会因为继续母乳喂养而出现缺钙。

何谓缺钙？只要婴儿能够接受正常的母乳喂养和（或）配方粉，满4～6月后开始添加以米粉为主的婴幼儿辅食，以后逐渐添加营养丰富的其他辅食，就不可能出现缺钙等问题。营养素应该来源于食物，希望家长多关注婴儿食物，而不是补充剂，特别不是"矿石粉"。

很多家长担心孩子缺钙会得佝偻病，其实佝偻病的全称是维生素D缺乏性佝偻病，而不是缺钙性佝偻病。维生素D属于激素类营养素，在人体内没有直接营养的作用。它可促进骨骼对钙质的吸收，如果钙质在骨骼中吸收不良，即是佝

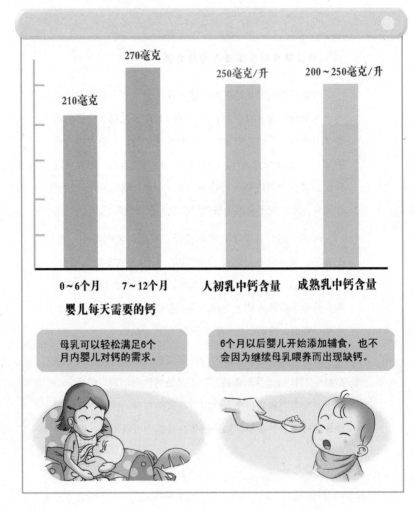

270毫克

210毫克

250毫克/升

200～250毫克/升

0～6个月　　7～12个月　　　人初乳中钙含量　　成熟乳中钙含量

婴儿每天需要的钙

母乳可以轻松满足6个月内婴儿对钙的需求。

6个月以后婴儿开始添加辅食，也不会因为继续母乳喂养而出现缺钙。

佝病；另外，维生素 D 还可促进免疫系统的发育和成熟。

　　有家长问，宝宝喝了配方粉，要不要补钙？答案是如果宝宝喝了足量的配方粉就不需要补钙，因为婴儿配方粉本身就能为 4～6 个月宝宝生长发育提供全部营养。配方粉里的钙已经能够满足宝宝的需要，不需要额外添加，如果补的钙超出了宝宝本身的需求，这些多余的钙就会在宝宝身体内积存起来，给宝宝的身体带来安全隐患，轻者引发便秘，重者可出现肾结石等病症。

母乳喂养的宝宝需要补充DHA吗?

DHA在人体内有着重要作用，但需求量很少。DHA提供过多，人体也会作为能量消耗掉，绝对不会"DHA摄入越多，孩子会越聪明"。母乳喂养、配方粉喂养可以满足婴儿对DHA的需求。

长链多不饱和脂肪酸

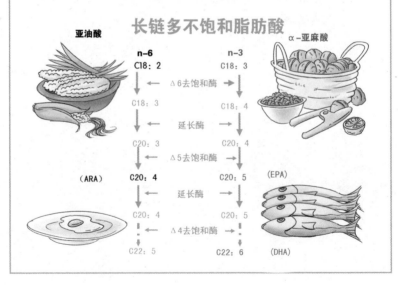

亚油酸

α-亚麻酸

n-6		n-3
C18：2		C18：3
↓	← Δ6去饱和酶 →	↓
C18：3		C18：4
↓	← 延长酶 →	↓
C20：3		C20：4
↓	← Δ5去饱和酶 →	↓
C20：4 (ARA)		C20：5 (EPA)
↓	← 延长酶 →	↓
C20：4		C20：5
↓	← Δ4去饱和酶 →	↓
C22：5		C22：6 (DHA)

母乳喂养的宝宝需要补充 DHA 吗

DHA 是长链多不饱和脂肪酸，属于脂肪，不是"特殊"营养素。胎儿和婴儿大脑和视网膜发育过程中需要 DHA。对任何年龄人群，DHA 还具有抗炎作用。DHA 在人体内有着重要作用，但需求量很少。母乳喂养、配方粉喂养可以满足婴儿对 DHA 的需求。孕期妇女和老年人可适当补充。补充时最好选择藻类 DHA。

现在很多研究证实 DHA 有助于胎儿和婴幼儿大脑的发育。其实，最好的 DHA 来源是母乳，母亲在均衡饮食的同时，再进食一定数量的深海鱼或 DHA 补充剂，母乳中就会含有足够的 DHA。2 岁之内的婴幼儿如果进食充足的母乳或含有 DHA 的配方粉以及营养丰富的辅食（比如营养米粉），则不需再接受 DHA 或鱼油补充剂。

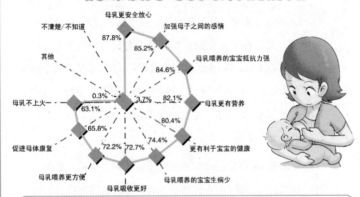

妈咪认为母乳喂养的好处

不清楚/不知道
母乳更安全放心 87.8%
加强母子之间的感情 85.2%
母乳喂养的宝宝抵抗力强 84.6%
母乳更有营养 82.1%
更有利于宝宝的健康 80.4%
母乳喂养的宝宝生病少 74.4%
母乳吸收更好 72.7%
母乳喂养更方便 72.2%
促进母体康复 65.8%
母乳不上火 63.1%
0.3%
其他 3.7%

调查显示：八成以上的被访妈咪认为母乳安全、让宝宝抵抗力更强、母乳更有营养、利于宝宝健康，同时认为母乳可以增进母子之间的感情。

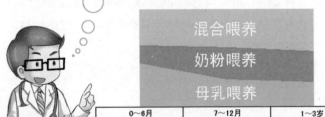

混合喂养
奶粉喂养
母乳喂养

	0～6月	7～12月	1～3岁
混合喂养（母乳+奶粉）	36.9%	39.3%	44.0%
奶粉喂养	18.6%	33.0%	31.0%
母乳喂养	44.5%	27.7%	25.1%

但遗憾的是，随着宝宝月龄的增长，妈咪采用母乳喂养的比例却越来越低。

人体能将 α-亚麻酸转换成 DHA，可惜转换率极低，对婴儿来说不足 0.5%，所以通过补充 α-亚麻酸提高人体 DHA 水平是神话。过多的 α-亚麻酸只能与其他脂肪酸一样，提供一些能量。同样，DHA 提供过多，人体也会作为能量消耗掉，绝对不会出现 DHA 摄入越多，孩子会越聪明。聪明与后天培养有很大关系。

　　DHA 属于长链不饱和脂肪酸，还有很多脂肪酸，比如亚油酸、α-亚麻酸、花生四烯酸也属于长链不饱和脂肪酸。其中，α-亚麻酸是 DHA 前提，理论上人体能将其转换成 DHA，但实际转换率极低，小于 3%～5%。所以，绝对不要轻信长链不饱和脂肪酸、α-亚麻酸等可以有助于大脑发育的文字游戏，只有 DHA 可以。

母乳的主要营养成分——水溶性维生素

0~6个月（天）	7~12个月（天）		初乳（L）	成熟乳（L）
40	50	维生素C（毫克）		800~100
200	300	维生素B₁（微克）	20	200
300	400	维生素B₂（微克）		400~600
2	4	尼克酸（毫克）	0.5	1.8~6.0
0.1	0.3	维生素B₆（毫克）		0.09~0.31
65	80	叶酸（微克）		80~140
0.4	0.5	维生素B₁₂（微克）		0.5~1.0
1.7	1.8	泛酸（毫克）		2.0~2.5
5	6	生物素（微克）		5~9

母乳喂养婴儿需要补充维生素 D 吗

　　母乳喂养妈妈常常问及如何给孩子"补"什么的问题，若妈妈饮食丰富（一周至少进食 50 种以上食物）、奶量充足，在出生后婴儿接受过维生素 K 注射的前提下，两个月之内开始添加每天 400 国际单位的维生素 D。不需随着照太阳时间长短增减口服维生素 D 的摄入量。婴儿满 4 ~ 6 个月期间开始添加富含铁辅食，如米粉。

　　母乳喂养婴儿补充维生素 D 的时限与婴儿饮食有关。如果添加辅食正常，母乳量充足或添加一些配方粉，在孩子 1 岁至 1.5 岁即可停止补充维生素 D。

　　从营养成分分析，4 ~ 6 月后的母乳营养素含量会逐渐减少，但此时应开始添加辅食，而且添加量和种类也会逐渐增多，两者之和正好符合婴儿生长发育的需要。母乳成分随时间变化与婴儿随时间生长发育之间息息相关。

母乳的主要营养成分——脂溶性维生素

0~6个月（天）	7~12个月（天）		初乳（L）	成熟乳（L）
0.4	0.5	维生素A（毫克）	2	0.3~0.6
		类胡萝卜素（毫克）	2	0.2~0.6
2.0	2.5	维生素K（微克）	2~5	2~3
5	5	维生素D（微克）		0.33
4	5	维生素E（毫克）	8~12	3~8

脂溶性维生素

维生素A

维生素D

维生素K

维生素E

平日应给婴幼儿补充多种维生素吗

现在给婴儿补充多种维生素的现象越来越盛行，家长不信国内产品，纷纷海淘。将多种维生素混入配方粉内喂养婴幼儿。

事实上母乳中除了碳水化合物、脂肪、蛋白质外，还有充足的维生素和矿物质，配方粉只是模拟母乳的婴幼儿营养品。额外补充过多，反而影响婴幼儿对营养素的吸收。故营养素不是多多益善！

纯母乳喂养孩子要补铁吗?

纯母乳喂养超过六个月就会增加婴儿缺铁的机会。

如果怀疑孩子贫血,应该通过手指血检查血色素,确定是否存在贫血。

如果孩子出现贫血,除了尽快添加富含铁的辅食,还要补充铁剂。铁剂的补充需要得到儿科医生的指导。

对婴儿来说,最早可以添加的富含铁的辅食应该是婴儿营养米粉。因为婴儿营养米粉近似均衡饮食。

现在很多研究已表明母乳喂养期间,开始添加辅食可以增加婴儿对辅食的接受度,降低婴儿今后对其他食物过敏的风险。

纯母乳喂养孩子要补铁吗

纯母乳喂养超过6个月，孩子就会缺铁吗？有这样的报道，0～6个月婴儿每天需铁量为0.27毫克，7～12个月增至为11毫克；而每升初乳中含铁为0.5～1.0毫克，成熟乳中也仅为0.3～0.9毫克。婴儿4～6个月内对铁需求量低，是因为孕期妈妈通过胎盘提供的铁可使用4～6个月。所以，妈妈饮食中铁对母乳影响甚微。

母乳喂养4～6个月期间应开始添加富含铁的辅食，比如婴儿营养米粉，就能保证孩子正常的生长发育。如果怀疑孩子贫血，应该通过手指血检查血色素，确定是否存在贫血。只有少数孩子在6个月后因营养问题会出现贫血。如果孩子没有贫血，不需额外补铁。

我非常支持母乳喂养，但是母乳喂养再好，满6个月后也要给孩子添加富含铁的辅食。纯母乳喂养超过6个月就会增加婴儿缺铁的机会，出现贫血的可能性就会明显增加。如果孩子出现贫血，除了尽快添加富含铁的辅食，比如婴儿营

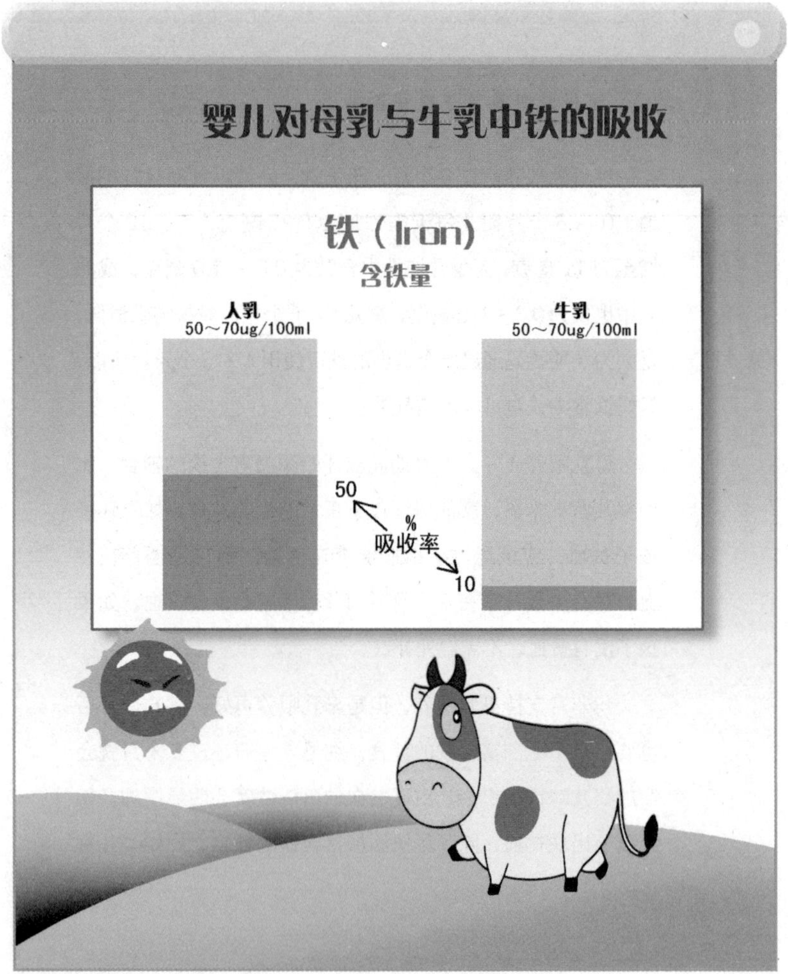

婴儿对母乳与牛乳中铁的吸收

铁（Iron）

含铁量

人乳
50～70ug/100ml

牛乳
50～70ug/100ml

50

%
吸收率

10

养米粉外，还要补充铁剂。但铁剂的补充需要得到儿科医生的指导。

　　对婴儿来说，最早可以添加的富含铁的辅食应该是婴儿营养米粉。因为婴儿营养米粉近似均衡食品，而蛋黄不是均衡食品。现在很多研究已表明母乳喂养期间开始添加辅食可增加婴儿对辅食的接受度，降低婴儿今后对其他食物过敏的风险。

崔医生，我想给孩子检测一下微量元素。

如果孩子生长发育正常，就没有必要检测微量元素。

建议家长把重点放在均衡营养上，放在宏量元素（蛋白质、碳水化合物和脂肪）上。

母乳的主要营养成分——微量元素

0～6个月（天）	7～12个月（天）		初乳（L）	成熟乳（L）
0.27	11	铁（毫克）	0.5～1.0	0.3～0.9
2	3	锌（毫克）	8～12	1～3
0.2	0.22	铜（毫克）	0.5～0.8	0.2～0.4
0.003	0.6	锰（毫克）	5～6	3
15	20	硒（微克）	40	7～33
110	130	碘（微克）		150
0.01	0.5	氟（毫克）		4～15

母乳喂养儿需要补充微量元素吗

很多家长希望给孩子查微量元素，其实主要的营养素还是蛋白质、脂肪和碳水化合物。再有从指尖采血进行末梢血微量元素检查，由于采血过程中组织液或多或少混入血液，易造成血液稀释，导致结果偏低。所以，我建议生长发育健康的孩子不需进行微量元素检测。

观察孩子是否正常，生长发育指标的变化非常重要，再结合进食、情绪等即可判断。补充一种或几种微量元素制剂，会导致体内整体矿物质和微量元素失衡。

如果孩子生长发育正常，就没有必要检测微量元素；如果生长发育过快或过慢，应该由保健医生评价进食状况和发育状况，寻找原因，及时调整。另外，生长异常也不是微量元素缺乏所致。所以，还是建议家长把营养重点放在均衡营养上，放在宏量营养素（蛋白质、脂肪和碳水化合物）上。

请问崔医生，我家老人说孩子刚生下来，在未进食母乳前，先要给喂一次葡萄糖水，说对健康有益！这个有科学依据吗？

若妈妈无妊娠合并糖尿病或非早产/低体重儿，婴儿出生后体重下降不足7%，就不会有低血糖现象。婴儿出生前体内有一定的能量储备，生后2～3天内不易有低血糖症。生后给婴儿喂葡萄糖水并不科学。作为单糖的葡萄糖在肠道吸收过程中无限速酶，吸收过快易导致婴儿血糖波动。

有医生建议孩子生下来两个小时后喂点白开水，在孩子没有呕吐等其他反应的情况下再喂点奶。就算孩子睡着了也要摇醒了喂点，说因为担心孩子低血糖，会影响智力。有这种说法吗？

生后2小时开始喂白水，然后试着喂奶粉，这种说法没有科学道理。生后应该尽早让孩子吸吮妈妈乳房，这样可以刺激乳房尽快分泌乳汁，再有尽早吸吮妈妈乳房还可促进婴儿肠道正常菌群的建立。婴儿吮吸越频繁，妈妈乳汁分泌得越早、越多。

维生素和微量元素都不是能量物质。现在很多家长认为孩子少吃米粉，也绝不能少吃蔬菜和钙水。有些家长认为孩子进食非常多，而且胃口也好，为何不长体重？仔细询问得知，每次一碗饭内，米粉只有 1～2 小勺，蔬菜占至少一半，另外还有鸡蛋或肉。结果进食中产生能量的成分不足，所以出现生长缓慢。

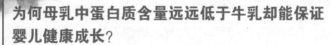

为何母乳中蛋白质含量远远低于牛乳却能保证婴儿健康成长?

只有优质蛋白质才能保证婴幼儿健康成长，蛋白质总量并不重要。

人乳的主要营养成分——蛋白质

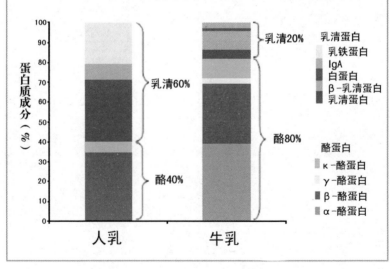

母乳的主要营养成分——脂肪

	初乳	成熟乳
总脂肪 （克/升）	20	35
甘油三酯	97%~98%	97%~98%
胆固醇	0.7%~1.3%	0.4%~0.5%
磷脂	1.1%	0.6%~0.8%
脂肪酸	88%	88%
饱和脂肪酸	43%~44%	44%~45%
C12：0		5%
C14：0		6%
C16：0		20%
C18：0		8%
单不饱和脂肪酸		40%
C18：1ω-9	32%	31%
多不饱和脂肪酸	13%	14%~15%
总ω3	1.5%	1.5%
C18：3ω-3 α-亚麻酸	0.7%	0.9%
C22：5ω-3	0.2%	0.1%
C22：6ω-3 DHA	0.5%	0.2%
总ω6	11.6%	13.06%
C18：2ω-6 亚油酸	8.9%	11.3%
C20：4ω-6 花生四烯酸	0.7%	0.5%
C22：4ω-6	0.2%	0.1%

我家宝宝41天，今天去检查黄疸指数为7.8，医生让停母乳，开了茵栀黄颗粒和双歧杆菌乳杆菌三联活菌片，请问可以吃吗？

遇到新生儿黄疸并不一定停母乳。母乳喂养婴儿黄疸持续可达2至3月时间。只要胆红素水平没有超过14毫克/分升（210毫摩尔/升）就不需任何干预和治疗，更谈不上停止母乳了，也无须服用茵栀黄等药物退黄。千万不要因为不严重的黄疸停止母乳喂养。

医院的医生说黄疸不能吃带黄的食物，比如胡萝卜、芒果、橘子等，请问这是真的吗？

医学上提到的黄疸，指的是血液中胆红素水平增高所致。新生儿出现黄疸与血液中红细胞破坏过多（因为胎儿的红细胞过多）及喂养不足导致胆红素排出不够有关；极少数与溶血、感染等因素有关。其他婴幼儿或年长儿出现黄疸与肝脏功能有关，与进食黄色食物无关。黄颜色食物不会加重黄疸。

新生儿黄疸还能接受母乳喂养吗

出生前，胎儿生长于母亲子宫内，相对于大气来说是低氧环境。与高原生活的人们一样，会出现红细胞增多现象，以增加血液携氧量。出生后，婴儿开始通过肺与大气进行气体交换，吸入的氧气增多，大量红细胞变得多余，体内衰变形成引起黄疸的物质——胆红素。因此，婴儿皮肤会变黄。

新生儿黄疸又被人为地分为生理性和病理性两种，病理性黄疸需要照光、静脉输注白蛋白，甚至换血治疗。照光是医院内最常使用的医学退黄方法，属物理治疗，相当安全。对母乳喂养儿来说，母乳中可能含有一种酶，使有些婴儿黄疸存在时间较长，甚至达到 2~3 个月。只要黄疸程度不重，可以继续母乳喂养。

新生儿黄疸是否需要光疗与黄疸程度和出生时间密切相关，请见下图：

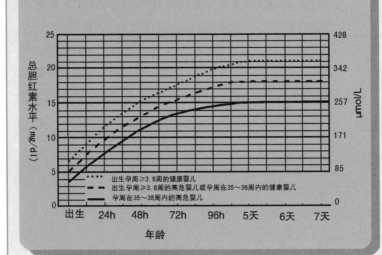

生后不同时间黄疸水平与光疗

- …… 出生孕周≥3.8周的健康婴儿
- - - 出生孕周≥3.8周的高危婴儿或孕周在35～38周内的健康婴儿
- —— 孕周在35～38周内的高危婴儿

婴儿黄疸的严重与否与黄疸持续时间无关，只与黄疸程度有关。如果出生一周后，黄疸指数不高于 18 毫克／分升，就应继续坚持母乳喂养。有些母乳喂养婴儿黄疸持续可达 2～3 个月。不要仅仅因为存在黄疸就怀疑坚持母乳喂养的正确性，仅个别母乳喂养儿出现高胆红素血症时才需暂停母乳喂养几日。

　　新生儿黄疸是否需要光疗，与黄疸程度和出生时间密切相关，可见上页图。有的家长认为婴儿一出生就添加配方奶可预防或降低黄疸，这种说法应该没有道理。

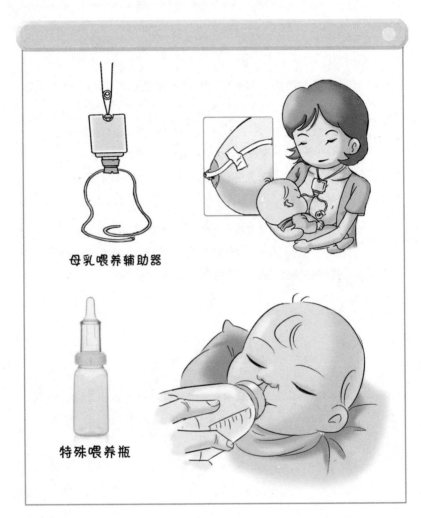

母乳喂养辅助器

特殊喂养瓶

早产儿与口腔畸形儿如何喂养

最佳喂养早产儿的方式是母乳＋母乳添加剂。由于早产妈妈分泌的乳汁不能完全满足早产儿快速生长的需要，在母乳中加上专门为早产儿生产的添加剂后，才能够有效保证早产儿快速生长。添加母乳添加剂的时机，从耐受每天每公斤100毫升母乳开始，至体重达2.5公斤为止。

如果孩子不幸患有唇腭裂或神经发育问题，不能直接吸吮妈妈乳头，妈妈可将母乳吸出放置于上页图示的特殊奶瓶内。

特殊喂奶器对特殊婴儿有以下好处：

- 易于调节乳汁流量；
- 无溢漏；
- 在无呛奶的前提下缩短哺喂时间；
- 置于奶瓶和奶嘴之间的单向阀确保奶嘴中不会进入空气。

每个单位最好有专门的母乳喂养室用来母乳喂养和吸奶,其中应有洗手池、冰箱、吸奶泵

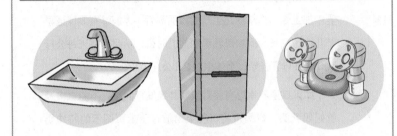

早期婴儿喂养

满足婴儿早期的生长和发育

降低婴儿早期胃肠、呼吸和过敏疾患的发生率

有可能对儿童,乃至成人的健康起着不可估量的作用

支持母乳喂养是全社会的事情，母乳喂养的推广需要切实有力的支持。政府部门应制定相应政策，保证母乳喂养的良好社会环境。每个单位都应有专门母乳喂养室，既供母乳喂养用，也可作为定时吸奶的场所，解决上班妈妈的母乳喂养和吸乳、储乳的问题。其中应有洗手池、冰箱，最好还要配备吸奶泵。公共场所同样应该有哺乳室。另外，电视台等媒体应该有更多关于母乳喂养的宣传节目，各级行政部门是否也可采取必要指令，要求所有单位必须建立哺乳室，以推动母乳喂养。

我只是舔了一下妈妈新染的头发

妈妈们可以烫发、染发、纹眉等，注意不要让孩子直接舔烫发后的头发、化妆后的面颊和涂了指甲油的指甲。

父母在孩子面前保持整洁美好的形象，有助于培养孩子的审美能力。

母乳妈妈能化妆烫发文眉吗

有些母乳喂养妈妈有爱美之心，想用化妆、文眉、烫发、染发等方法"修饰"一下自己，但又怕会影响宝宝的营养安全。特别是逢年过节，妈妈们都想美丽一下，有想烫发染发的；有想美容化妆的；甚至还有想文眉文身的……这些应该都不影响母乳喂养。母亲烫发过程用的烫发剂不可能通过乳汁被孩子摄入胃肠，只要不让孩子直接舔烫发后的头发、化妆后的面颊和涂了指甲油的指甲，就可以放松心情去做。孩子最喜欢妈妈，妈妈在家穿上漂亮的衣服，梳妆打扮一下，外表变得更美丽，心情会更加舒畅，宝宝自然就会接收到来自妈妈更多的积极信息。

母亲美化自身形象，对婴儿只会有正向影响。父母在孩子面前都应尽可能通过穿着服饰等美化自己，对孩子审美能力肯定有正向作用。父母邋遢对婴儿审美观形成不利。

但妈妈们一定要注意，染发、文眉和涂指甲等所使用的药剂，一定要选取符合安全标准的产品，不要误用假冒伪劣的药剂，这样会对妈妈的身体造成伤害。

宝贝四个月了，体重有半个月没有长。是奶水不能满足他生长需要了吗？需要加点蛋黄和蔬菜水吗？

四个月大的母乳喂养婴儿，半个月未长体重，应该考虑喂养是否出现了厌奶现象。如果是厌奶，一般一两周后就会慢慢恢复。若无任何其他原因（睡眠不安、排便稀多、过敏等），只是体重增长缓慢，可考虑在每次母乳喂养后添加适量配方粉。目前不能给孩子提供蛋黄和菜水。若真加辅食，也应是婴儿营养米粉。

孩子厌奶怎么办

有些家长发现，在某一段时间孩子突然不喜欢吃奶了。这时家长就要找一下原因。如果是对相关奶粉不耐受，那就停止使用那种奶粉，如果孩子只是单纯地不喜欢吃奶，那么就没有必要太过担心了。厌奶多属心理问题。当孩子接受了一种自认为很好的味道，比如果汁、钙水、大人饭菜等，就会对味道平淡的配方奶甚至母乳失去兴趣。首先确定孩子喜欢何种味道，再用这种味道作为引子，逐渐恢复孩子对奶的喜好。比如在奶中兑上少许果汁等方法。

家长要明白，孩子自然成长过程中，并不存在真正的厌奶期，这多与单一乏味的喂养方式有关。实际上，孩子每次接受量有一定差别。每次喂养应连续，待孩子不吃了就停止，但很多时候家长坚持让孩子吃完固定数量，这样容易造成婴儿对进食的厌恶，形成厌奶。孩子一旦出现了厌奶现象，家长不要紧张，孩子能吃多少就吃多少，过段时间孩子自己就可以恢复正常的饮食，如果家长过度强迫，可能会引起孩子更多反感，延长厌奶期。

妈妈盐吃多了宝宝会口渴吗?

现代社会心血管疾病的发病率普遍升高与多盐饮食有很大的关系。无论妈妈是在母乳喂养期间或是怀孕期间,甚至是正常生活中,饮食尽可能以少钠或是低钠为主,保持清淡,对于孩子的一生和妈妈自己的一生都是有好处的。如果妈妈在母乳喂养期间盐的摄入量长期过多,那么自然会导致母乳中钠的含量偏高,对孩子会有不良的影响。

生气后可以喂母乳吗?

人在生气后体内会产生一些不好的物质,比如肾上腺素。但这种物质分泌到乳汁中的量是非常少的,所以生气后的妈妈可以进行母乳喂养。但日常生活中避免生气有利于妈妈自己的身心健康。并且,妈妈的情绪可能会影响到孩子,这种影响作用比乳汁中不好的成分对孩子的影响大得多。

哺乳期妈妈能吃口味重、生冷的食物吗

许多妈妈喜欢烧烤、水煮鱼、汽水之类口味偏重点的饮食，又担心会影响宝宝。如果妈妈本身就习惯口味重的食物，在孕期或是哺乳期少吃一些或是进食平时生活中正常的量，是没有问题的。老人们常说为了孩子健康不能吃这个不能吃那个，在很大程度上都是个人的习惯，并无科学依据。

母乳喂养妈妈的饮食尽可能多样化，指的是食物种类，不是特指食物做法。如果没有进食后不适，建议每周至少进食 50 种以上食物是为了母亲尽可能均衡饮食，保证母乳营养质量。具体到每种食物的做法，与母亲一直的生活情况有关。只要母亲进食后没有不适，观察婴儿是否出现不适，否则不需特意回避。如果妈妈吃了一些东西后孩子出现了一些问题，比如说湿疹或是腹泻，那么就要停止这种食物了。

另外，如果母乳喂养的妈妈以往习惯吃凉的食物，孩子可能也会习惯吃凉的食物。妈妈的饮食习惯和喜好都会传给孩子。我们建议，孩子的饮食习惯应该和他自己的家庭的饮食习惯接近，没有绝对的对与错，只有孩子能否适应。

可以用米汤调奶粉吗?

冲调奶粉的过程实际就是赋水的过程。理论上讲,纯净水冲调奶粉最为科学。冲调奶粉过程不需要额外添加矿物质,因为矿物质也有可能改变配方粉中的营养成分比例,所以矿泉水并没有任何优势。只是婴儿没有那么娇气,即使使用矿泉水冲调奶粉,一般不会出现明显问题。

而使用米汤、粥水等冲奶粉并不合适。"粥水"有人称为"米油",属于辅食。添加辅食的时间应该是生后满4-6个月,再有,配方粉调试过程只是将"粉状"变成"液状"过程,只需在配方粉中加水,不应添加其他营养成分。冲调配方粉的水,最好是纯净水。

孩子总呛奶怎么办

孩子总呛奶怎么办？实际上呛奶是因为孩子在进食的过程中，被一点点液体刺激所致，往往跟喉软骨软化有关，或者是跟咽部的吞咽功能下降有关，为此家长应该带孩子去医院检查，看看是不是单纯的喉软骨软化所致还是咽部出现了什么问题导致吞咽障碍，并不是家长自己认为逗孩子笑就可以解决呛奶问题的。

如果是孩子并不存在解剖结构异常或是疾病的话，应该考虑孩子是不是不喜欢这种配方粉，如果孩子不喜欢的话，那么可以给孩子换另外一种，因为有些时候孩子吃了奶粉以后不耐受，这是孩子过敏的先兆，孩子想尽可能自己拒绝，所以家长要尊重孩子。找到孩子呛奶的原因，再根据原因解决孩子呛奶的问题，有时可能需要医生的帮助。

母乳喂养期间母亲接种疫苗可给婴儿喂奶。不论是减毒活疫苗，还是灭活疫苗，都不可能直接进入乳汁，当然谈不到对孩子的直接损伤，反而母亲体内产生的相应抗体会通过乳汁传给婴儿，增强其抵抗力。生病也是如此，只要不是乳房局部严重感染，不是传染病急期，生病期间母亲仍可继续母乳喂养。

打了狂犬疫苗还能哺乳吗？已打第一针，总共五针，持续一个月。

孕期甲状腺功能异常对婴儿没有肯定的影响关系。生后母亲甲状腺功能异常，应该在医生指导下尽可能纠正，更多是为了妈妈的健康。母乳喂养对婴儿影响不大。孩子的甲状腺功能与自身发育有关，生后足跟血即可筛查，以后还可通过静脉血监测。有甲状腺功能异常的母亲是可以母乳喂养婴儿的。

甲状腺功能异常的母亲是否可以母乳喂养？

妈妈用过麻药后是否可以给孩子喂奶

这主要取决于麻药的用药途径和剂量。如果是局部的麻醉，比如说拔牙或是皮肤表面伤口缝合等，在用过麻药后可以继续给孩子喂奶，因为本身就是局部用药，而且麻药的使用量很少，而混入血液中的麻药的剂量就更少了，相对而言，通过乳汁分泌能给孩子吃到的麻药就可以忽略不计了。

但是对于全麻的妈妈来说，就需要注意了，要在麻醉24小时后才能给孩子喂奶，这样就可以避免孩子因为吃了含有麻药的乳汁而出现中枢神经抑制态。现在常用的麻药一般都是短效的麻药，来得快去得快，在妈妈体内的代谢时间短，所以家长们没有必要太过担心，平安度过麻药的代谢期就好了。

十个半月的宝宝，还在母乳喂养，家人都说母乳已经不够营养了，该断奶吗？

太多人认为4-6个月后母乳就没足够营养了，应添加配方粉或停母乳换成配方粉喂养。实际上，婴儿满六个月后应该添加辅食。配方粉不属于辅食。只要辅食添加合理（碳水化合物食物应占辅食的一半，还要逐渐添加蔬菜、肉泥），母乳喂养+辅食应可保证婴儿正常生长。婴儿营养米粉应是第一选择。

母乳喂养多久后换奶粉喂养？

配方粉的使用是为了弥补母乳量的不足，而不是为了弥补母乳质的不足。所以不一定在婴儿母乳喂养的过程中添加配方粉。如果母乳充足，就要坚持母乳喂养，到了该添加辅食的时候，就给孩子添加辅食，逐渐过渡到孩子可以吃全部的食物。

配方粉并非是在喂养过程中必须要添加的食物。家长一定要清楚这个概念，千万不要仅凭听说配方粉中营养物质丰富就放弃母乳只给孩子食用配方粉，一定要知道，配方粉的作用是没有办法取代母乳的。

怎样断奶最合适

母乳喂养总有要断奶的时候，如何断奶应该根据孩子情况来判断。有的时候妈妈的奶越来越少，孩子同时接受奶瓶喂养或是辅食喂养，随着奶量逐渐减少，就自然断奶。但绝大多数孩子依赖母乳。即使妈妈的乳汁很少，还是想要频繁吮吸。但母乳量实在不足，联合添加辅食已经不能保证孩子的生长发育了，那么就要考虑是否断掉母乳。

突然断奶会给孩子带来恐慌、哭闹，妈妈也会感觉到失落，所以很多家长都在追求自然离乳。自然离乳之前，妈妈一定要保证正常的饮食及睡眠规律，让孩子对母乳的依赖比较定时，养成定时吃奶的习惯，孩子就不会对母乳形成其他过分的依赖，随着妈妈乳汁的减少和工作的状况，孩子就能够再接受其他食物。随着孩子的长大和对妈妈乳汁需求的减少，就能达到良好的自然离乳的效果。

如果已经形成了过度依赖，最好的办法就是母子分离几天。看似残酷，实际上对孩子有好处。否则孩子看见妈妈在身边，却没有奶吃，心灵会受到创伤。

常用药的 L1 ~ L5 分类

用　途	药物名称	分　级
妇产科药物	克罗米芬	L4
妇产科药物	口服避孕药	L3
妇产科药物	炔诺孕酮	L1
妇产科药物	炔诺孕酮+乙炔雌二醇	L3
妇产科药物	甲硝唑（阴道用）	L2
呼吸系统药物	沙丁胺醇	L1
呼吸系统药物	沙丁胺醇+异丙托溴胺	L3;L4(产后一周)
呼吸系统药物	倍氯米松	L2
呼吸系统药物	布地奈德	L3
呼吸系统药物	色甘酸钠	L1
呼吸系统药物	右美沙芬	L1
呼吸系统药物	麻黄素	L4
呼吸系统药物	愈创甘油醚	L2
呼吸系统药物	孟鲁司特钠	L3
呼吸系统药物	伪麻黄碱	L3 急用
激素类药物	地塞米松	L3
激素类药物	氢化可的松	L2
激素类药物	倍他米松	L3
激素类药物	甲泼尼龙	L2
激素类药物	泼尼松	L2
解热镇痛药	布洛芬	L1
解热镇痛药	安替比林	L5
解热镇痛药	阿司匹林	L3
解热镇痛药	对乙酰氨基酚	L1
抗变态反应药物	西替利嗪	L2
抗变态反应药物	氯苯那敏	L3
抗变态反应药物	苯海拉明	L2
抗变态反应药物	氯雷他定	L2
抗病毒药	阿昔洛韦	L2
抗病毒药	金刚烷胺	L3
抗病毒药	两性霉素B	L3

用　途	药物名称	分　级
抗病毒药	干扰素	L3
抗病毒药	拉米夫定	L2
抗生素	阿米卡星	L2
抗生素	阿莫西林	L1
抗生素	阿莫西林-克拉维酸钾	L1
抗生素	氨卡西林	L1
抗生素	氨卡西林+舒巴坦	L1
抗生素	阿奇霉素	L2
抗生素	氨曲南	L2
抗生素	羧苄青霉素	L1
抗生素	头孢克洛	L2
抗生素	头孢羟氨苄	L1
抗生素	头孢唑啉	L1
抗生素	头孢地尼	L2
抗生素	头孢妥仑	L3
抗生素	头孢吡肟	L2
抗生素	头孢克肟	L2
抗生素	头孢哌酮钠	L2
抗生素	头孢噻肟	L2
抗生素	头孢替坦	L2
抗生素	头孢西丁	L1
抗生素	头孢泊肟	L2
抗生素	头孢丙烯	L1
抗生素	头孢他啶	L1
抗生素	头孢布坦	L2
抗生素	头孢唑肟	L1
抗生素	头孢曲松	L2
抗生素	头孢呋辛	L2
抗生素	头孢氨苄	L1
抗生素	头孢噻吩	L2
抗生素	头孢匹林	L1
抗生素	头孢拉定	L1
抗生素	氯霉素	L4

用　途	药物名称	分　级
抗生素	环丙沙星	L4
抗生素	克拉霉素	L2
抗生素	克林霉素	L3
抗生素	克林霉素阴道片	L2
抗生素	氯唑西林	L2
抗生素	红霉素	L1
抗生素	磷霉素	L3
抗生素	庆大霉素	L2
抗生素	氧氟沙星	L3
抗生素	林可霉素	L3
抗生素	洛美沙星	L3
抗生素	美罗培南	L3
抗生素	甲硝唑	L2
抗生素	米诺环素	L2 急用
抗生素	莫匹罗星	L1
抗生素	呋喃妥因	L2
抗生素	诺氟沙星	L3
抗生素	青霉素G	L1
抗生素	硫酸多粘菌素B	L2
抗生素	制霉菌素	L1
抗真菌药	克霉唑	L1
抗真菌药	米康唑	L2
内分泌药物	降钙素	L3
内分泌药物	骨化三醇	L3
内分泌药物	酯化雌激素	L3
内分泌药物	卵泡促性腺激素	L3
内分泌药物	胰岛素	L1
内分泌药物	甲状腺素	L1
内分泌药物	褪黑素	L3
内分泌药物	诺孕曲明+乙炔雌二醇	L3
内分泌药物	炔诺酮	L1
内分泌药物	炔诺酮+乙炔雌二醇	L3
内分泌药物	异炔诺酮	L2

用　途	药物名称	分　级
内分泌药物	黄体酮	L3
内分泌药物	促甲状腺素	L1
皮肤科药物	芦荟	L3
皮肤科用药	甲硝唑（外用）	L3
皮肤科用药	泼尼卡酯	L3
微量元素	右旋糖酐铁	L2
微量元素	锌	L3
维生素类药物	维生素C	L1
维生素类药物	叶酸	L1
维生素类药物	维生素A	L3
维生素类药物	维生素B_{12}	L1
维生素类药物	维生素D	L3
维生素类药物	维生素E	L2
消化系统药物	阿托品	L3
消化系统药物	蓖麻油	L3
消化系统药物	西咪替丁	L2
消化系统药物	多潘立酮	L2
消化系统药物	艾美拉唑	L2
消化系统药物	硫酸镁	L1
消化系统药物	奥美拉唑	L2
消化系统药物	雷尼替丁	L2
消化系统药物	番泻叶	L3
疫苗	百白破疫苗	L2
疫苗	乙肝疫苗	L3
疫苗	甲肝疫苗	L3
疫苗	流感病毒疫苗	L3
疫苗	流脑疫苗	L1
疫苗	麻风腮疫苗	L2
疫苗	脊髓灰质炎疫苗	L2
疫苗	狂犬疫苗	L3
疫苗	风疹疫苗	L2
疫苗	水痘疫苗	L2

图书在版编目（CIP）数据

崔玉涛图解家庭育儿：口袋版 / 崔玉涛 著 . —北京：东方出版社，2018.11
ISBN 978-7-5207-0583-7

Ⅰ.①崔…　Ⅱ.①崔…　Ⅲ.①婴幼儿—哺育—图解　Ⅳ.① TS976.31-64

中国版本图书馆 CIP 数据核字（2018）第 211264 号

崔玉涛图解家庭育儿：口袋版
（CUIYUTAO TUJIE JIATING YU'ER: KOUDAIBAN）

作　者：崔玉涛
策 划 人：刘雯娜
责任编辑：郝　苗　杜晓花
出　版：东方出版社
印　刷：小森印刷（北京）有限公司
版　次：2018 年 11 月第 1 版
印　次：2018 年 11 月第 1 次印刷
开　本：889 毫米 ×1194 毫米　1/40
印　张：42.5
字　数：1279 千字
书　号：ISBN 978-7-5207-0583-7
定　价：268.00 元（共十册）
发行电话：（010）85800864　13681068662